环境照明设计 （增补版）

吴卫光 主编　马丽 编著

上海人民美术出版社

图书在版编目（CIP）数据

环境照明设计：增补版 / 马丽编著.—上海：上海人民美术
出版社，2021.6（2023.8重印）
ISBN 978-7-5586-2092-8

Ⅰ.①环... Ⅱ.①马... Ⅲ.①建筑—照明设计 Ⅳ.①TU113.6

中国版本图书馆CIP数据核字（2021）第102011号

环境照明设计（增补版）

主　　编: 吴卫光

编　　著: 马　丽

责任编辑: 丁　雯

特约编辑: 孙　铭

封面设计: 张龙梅

技术编辑: 史　湧

出版发行: 上海人民美术出版社
　　　　　（地址: 上海市闵行区号景路159弄A座7F　邮编: 201101）

印　　刷: 上海丽佳制版印刷有限公司

开　　本: 889×1194　1/16　9.5印张

版　　次: 2021年7月第1版

印　　次: 2023年8月第3次

书　　号: ISBN 978-7-5586-2092-8

定　　价: 78.00元

目录　Contents

Chapter 4

光效设计

Chapter 5

室内照明设计的应用

Chapter 6

室外照明设计的应用

Chapter 1
概述

🔍 学习目标

通过本章的学习，掌握照明设计的基本含义、设计的基本依据，全面了解环境照明设计应遵循的三大原则：整体性原则、需求满足原则以及可持续发展原则。

🔍 学习重点

通过本章的学习，充分了解照明的含义和设计依据，并掌握照明设计的基本原则。

一、照明的基本含义

照明的基本目的是创造良好的可见度和舒适愉快的环境。

在《辞海》中"照明"的含义如下：利用各种光源照亮工作和生活场所或个别物体的措施。

有价值的自然光是白天的昼光，在照明设计中，昼光直接被称为自然光，昼光由天空光和直射光构成。天空光的主要光源是太阳，被悬浮在大气层中的各种尘埃微粒吸收和反射后均匀地照亮天空。相对于均匀的天空光，刺眼的阳光被称为直射光。

建筑的窗户，则成为人与自然光建立亲密关系的重要物质媒介。换言之，窗户的设计是自然光照设计的重要载体与核心内容。在一个房间中，究竟一天中有多长时间、多少自然光能通过窗户进入房间，传统上只能凭借建筑师或设计师的经验与直觉，而今，计算机模拟技术可帮助设计师模拟建筑在自然光条件下的照明效果，在模拟的三维空间中，设计师可以通过使用 Agi-Light、DIALux 等照明设计软件，精确地控制室内空间进光量与窗户大小、位置、形状之间的比值。

在人工照明出现之前，建筑师曾对建筑的自然光照明进行深入研究与巧妙地运用，直至电灯的发明，建筑师与照明设计师开始将注意力转向人工照明的研究与运用。

人工照明的发展，可追溯到古代人们利用火堆、火把照明、防寒与御敌，为了延长照明时间并且更为稳定地照亮环境，人们发明了蜡烛。当煤油灯替代了蜡烛，蜡烛逐渐成了居室中的装饰品。为扩大照明范围，又发明了弧光灯，以照亮街道与广场。终于在 1879 年，伟大的发明家爱迪生发明了第一盏有实用价值的电灯，利用电产生的光照明的实用价值才得以最大化。

❶ 大型公共建筑中的阳光中庭，为人们提供富有活力的室内休息空间。

Chapter 1
概述

Chapter 2
照明设计基础

Chapter 3
照明设计基本原理与程序

Chapter 4
光效设计

Chapter 5
室内照明设计的应用

Chapter 6
室外照明设计的应用

❷ 现代大都市的典型夜景景观。

❸ 充足的光线与富于变化的影子创造出独特的空间氛围。

现代照明理论产生于 20 世纪 50 年代，当时最为著名的照明设计先驱理查德·凯利受舞台灯光设计的影响，提出以"质量"为主要设计标准的现代照明设计理念，并对照明进行定性研究，总结出环境照明（Ambient Light）、焦点照明（Focal Glow）和戏剧化照明（Play of Brilliance）。20 年后，照明设计界普遍认同的观点是：照明设计应该以满足人的需求为基本出发点。在视觉心理学研究成果的基础上，综合人的生理和心理特点，人的主观因素成为照明设计结果评估的重要参数。至此，满足人的需求成为照明设计的基本出发点和根本目标，照明设计实质上是平衡质量与数量的关系。

自 20 世纪 60 年代以来，发电技术与基础供电设施迅速发展。由于建筑结构的变化与功能的复杂性加强，大跨度的建筑空间仅依靠自然光无法满足人们的使用需求，例如剧场、大型商业空间、办公楼等公共场所，需要补充人工照明才能在日间正常运作。人工照明开始在日间扮演着与夜间同等重要的角色。而另一方面，这个重要的角色带来极大的负面作用，由于电能的产生主要靠燃烧煤所获得，全世界煤储存量正以每年 15% 的速度下降，人工照明给人类生活带来便利的同时，正在大量消耗地球能源，进一步加剧环境污染。

目前，所有从事与设计行业相关的人士必须了解的现实情况是：能源危机时代已经来临，减少环境污染、降低能源消耗迫在眉睫。城市是无数个不同功能建筑的集合，而建筑是人类生存的主要空间，城市建筑所消耗的能量占全社会各领域耗能总量的 30%，其中电能约占建筑总能耗的 50%。1996 年在英国环境建筑师协会举行的会议上有人提议：在建筑上使用 40% 的玻璃窗是节约电能的重

❹❺ 利用光营造风格独特的空间效果。

009

概述 Chapter 1

照明设计基础 Chapter 2

照明设计基本原理与程序 Chapter 3

光效设计 Chapter 4

室内照明设计的应用 Chapter 5

室外照明设计的应用 Chapter 6

6 7 不论是在大型公共空间还是在个人居住空间，自然光对于人的生理和心理健康的影响都非常显著。

要方式。通过窗户引入昼光，达到减少人工照明，改善室内光线，节约电能的目的，这只是落实节约电能研究的方法之一。还有许多研究者正致力于利用太阳能与风能发电、降低灯具耗电量、通过窗户保存太阳能、通过改变灯具的内部结构提高光通量等等。更为紧迫的是，建筑师、室内设计师、照明设计师应该尝试换一种角度思考，反思其过度依赖人工照明进行设计的理念，应注重研究如何提高自然光使用效率，至此，节约能源、降低能耗便不再是一纸空文。总之，进行照明设计时，以自然采光为基础，人工照明为补充，这是实现可持续发展目标必经途径之一。

二、环境照明设计的依据

环境是人类生活直接依赖的物质载体，与人的各种行为、生活的具体需要密不可分。环境照明设计作为环境研究的一个分支，其设计理念、设计目标与设计手段的进步与环境总体发展必须同步前进。环境照明设计作为创造人类理想生活的重要载体之一，正从环境行为学、人体工程学、社会学、经济学、工程技术、美学、管理学、心理学、机械学、市场学等学科中汲取养分，以充分提高光的使用效能，为使用者提供方便、安全、舒适、高效率的生活方式。

与此同时，环境照明设计作为体现科技发展水平的最佳载体之一，反映了人类文化发展中科学与技术发展成就。现代环境照明设计极其依赖结构学、材料学、工艺学、物理学，也越来越多地借助于电子技术、网络通信技术，使得环境照明系统从结构、表皮、形态上的运用包含科技的成就。卓越的设计创作离不开科技的支撑，科技也成为创作设计的重要手段与载体。环境照明功能满足商业价值、装饰美感、符号象征、情感体验等内容，在科学技术这个成熟的发展体系内得到满足与拓展。

1. 人的尺度

人处在不同的空间中，人的心理感受因尺度而异。

古代建筑中我们以神佛的尺度为准，多数时候观者处于被震撼的位置；文艺复兴时期以人的身体为标准，观者则处于平等与自由的位置；近现代时期的城市建造则以机器的尺度为标准，观者似乎变成庞大机器的一颗螺母，紧张而忙碌地运转着。工业化时代的巨大尺度与规模化生产将人们打入水泥的森林，最终还是回归到以人为本的发展道路上：以人的尺度建造城市环境，这一点显然已成为环境设计、建筑设计等一切设计活动的根本依据。

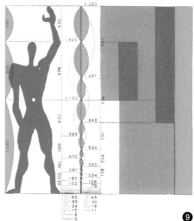

2. 人的感受

人的心理与生理感受成为环境照明设计的重要设计依据。

人通过各种感受器官接受外界刺激，对外在环境产生丰富的感知，感知的综合效应就形成了人的心理体验过程。视觉、听觉、嗅觉、味觉、触觉构成了人的五大基本感知体验。经研究发现，人对外界信息的获取，80% 以上依赖视觉。各种形状、光影、色彩信息共同组成了视觉刺激，这些信息给人的心理既带来正面的影响也带来负面的影响。这些视觉刺激有时作用于人的心理，例如，光的色彩、形态容易引起人的情绪变化；有时作用于人的生理，例如，光的强度与眼睛等器官的联系更为紧密，因强光产生的眩光，使人产生眩晕与恶心，严重时可导致失明；例如暗适应，从明亮环境突然进入黑暗的环境，会引起身体失衡。

设计应尽量避免引起生理上的不舒适感，偶尔可在利用生理可接受范围内的不舒适感，制造一种新的体验过程，例如在封闭环境坐过山车与户外坐过山车给人的刺激差别在于，前者除了感到眩晕，还表现为肢体上的轻微失衡，后者对人的生理刺激明显弱于前者。这是因为在黑暗环境中缺少参照物，人眼无法辨别方向与距离，便会产生眩晕与失衡。另外，人的视觉有相当的敏锐度能辨别细微的差异，照明设计侧重于研究人的视觉体验，特别要关注那些使人产生错觉的独特性，在环境照明设计中我们可以对这些独特性加以利用，创造出具有视觉冲击力的光效，给人们带来新的视觉体验。

❽ 日本建筑师安藤设计的光教堂，就是一座以人的尺度设计的教堂。

❾ 基于人体的尺度，法国建筑师勒·柯布西耶提出的"模度"概念，得到许多建筑师的认可。

011

概述 Chapter 1

照明设计基础 Chapter 2

照明设计基本原理与程序 Chapter 3

光效设计 Chapter 4

室内照明设计的应用 Chapter 5

室外照明设计的应用 Chapter 6

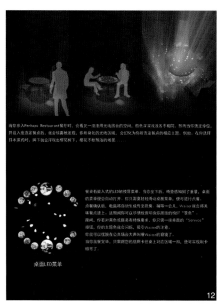

❿ ⓫ ⓬ 概 念 设 计 作 品 "PERHAPS RESTAURANT"获 2008 年飞利浦 LED 情景照明设计大赛银奖，作者：王洁、周冠楠、朱韩君等人，华东师范大学设计学院 06 级室内班。

⓭ 常用光源频闪效应表（摘自《城市照明》2003 V05.1），频闪效应是照明环境的"隐形杀手"。
电光源的光通量随交流电源电压的周期性变化而变化，且使人眼产生视觉疲劳或视觉错误的现象称为频闪效应，通常用波动深度来度量。波动深度越大，表示频闪越严重。研究表明，当波动深度大于 25% 时，会损害健康，当波动深度小于 60% 时，人眼感觉不到，但会危害健康。
根据国际最新照明、医疗、保健、环保等多学科的研究结果，如英国剑桥大学医学研究中心的 A.Waling 博士和国际照明委员 J.Schanda 教授指出："频闪是引起近视和偏头痛的主要原因。"因此在提倡绿色照明的今天，这应引起人们的高度重视。

光源种类	白炽灯	荧光灯	汞灯	钠灯	金卤灯	节能灯
工作频率	50Hz	50Hz	50Hz	50Hz	50Hz	80kHz
波动深度	5%~15%	55%	65%	80%~130%	80%~130%	3%
危害健康	无	重	严重	很严重	很严重	无

3. 技术、法规、标准、施工期限

环境照明设计对技术十分依赖。从古至今，人类科学技术飞速发展，环境照明设计均有技术的支撑与推动，可以说，技术因素是照明设计得以物化的基础，是创造惊人光效的物质手段，例如，黄浦江边上越来越多 LED 建筑幕墙，以及步行街上超大尺度的 LED 组成的屏幕。借助光电子技术与网络通信技术，LED 灯具发明了，其核心技术是将 LED 外延片制造成 LED 芯片，其 LED 外延片生长技术主要采用有机金属化学气相沉积方法。

国家对照明系统建立了一系列的法规与标准，最初源于对使用者的安全问题以及生活品质的考虑，因此国内外关于用电安全的法规与标准已较为成熟，而基于节约能源的法规与标准还处在建设与摸索过程中。众所周知，照明是建筑的第二大能耗项目，除了自身消耗的电能外，照明灯具产生的热量又是建筑第一大能耗项目"采暖、空调"的主要热源之一。显然，照明节能是建筑节能的重要组成部分。如《国民经济和社会发展第十一个五年规划纲要》在能效目标上明确提出我国总体节能目标：到 2010 年，单位国内生产总值能源消耗降低 20%。再如我国新的《住宅建筑规范》GB50368-2006 第 7.2.3 条明确指出："室内空间应能提供与其使用功能对应的照度。"这实质上落实了设计方有责任明确居住建筑的能耗数据；又利用相关部门审核，减少浪费能源的现象。

⓮ 此服装店的灯光设计与整体设计风格一致，灯具排列简单利落，台面灯光的色温统一。

⓯ 餐厅根据不同功能区的特点，选择适合的照明方式，不会造成污染和浪费。

013

Chapter 1 概述

Chapter 2 照明设计基础

Chapter 3 照明设计基本原理与程序

Chapter 4 光效设计

Chapter 5 室内照明设计的应用

Chapter 6 室外照明设计的应用

进行一项照明设计工程，业主或设计方必定与施工方签订施工合同，合同中对施工期限有严格的限定。明确施工期限，有助于确保投资方与建设方的经济利益，并且直接反映实施的规范程度，保证实施效率。

三、环境照明设计的原则

环境照明设计应遵循三大原则：整体性原则、需求满足原则以及可持续发展原则。

1. 整体性原则

环境照明设计所遵循的整体性原则，主要包括两个方面：第一，是指在环境照明设计的全过程中应协调照明系统与人的关系，以及照明与其他设计要素之间的关系，如人的审美需求、建筑结构、设计风格、色彩、建筑材料等因素；第二，是指照明设计之始，设计者已制定本设计项目的整体性原则，其照明功能的分级、资金的投入、耗能的预估、灯具的风格等一系列定位，均是在整体性原则下铺展开来的。整体性原则是否能如实贯彻，将决定最终照明设计的优劣。

2. 需求满足原则

从人的角度来认识需求满足原则，一方面满足人的认知需求，另一方面满足人的审美需求，这两方面的需求实质上构成了整个照明设计项目的终极设计目标。

认知需求：环境照明提供优良的照度，以满足使用者从环境中迅速获取大量信息的需要，帮助空间行使特定的使用功能。例如：我国商场的环境普通照明20世纪80年代为300Lx以上，到了90年代，则提高到700Lx以上，因为只有足

⑯ 光源既能照亮环境，本身也成为装饰空间的一种手段。

⑰ 柔性的光纤是非常节能和美观的装饰光源之一。

16

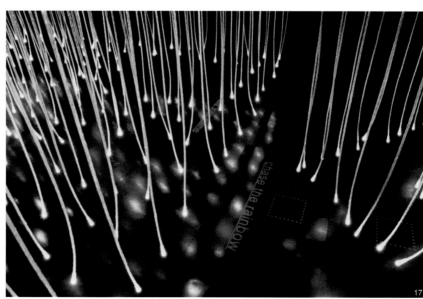
17

够的亮度才能保证商场货品的良好展示环境,才能满足日益追求享受购物的顾客的需求,其经济效益与销售数额因此直接获得提高。

审美需求:一个良好的照明环境,不仅为使用者提供良好的物质环境,也能全方位地唤起人的审美感受。人在感受其光效带来的愉悦感的同时,产生综合性的情感体验过程。例如:某些高级餐厅的照明设计非常讲究,在满足基础照明时,更重要的是创造特定的符合餐厅主题的氛围,不仅如此,其还要注重进餐过程中,通过合理的光线塑造人的面部表情,以延长进餐时间与促进消费。

3. 可持续发展原则

从设计者的角度认识可持续发展原则,实质上此原则是以环境的整体和谐为目标,将第一自然环境与人类创造的第二自然环境的发展结合起来,以生态保护、合理分配资源为核心,创造可持久生存的环境。环境照明设计活动的开展,正是在遵循此原则下展开。

第一,设计师应考虑充分利用太阳光,提供有利于天然采光的建筑条件和有利于照明的室内环境。如:有利于采光的开窗位置,有利于照明的室内材料反射率,有利于采暖、空调节能的围护传热系数等。

第二,设计师应提供经济技术指标良好的照明节能方案。如:符合绿色照明要求的显色性、色温、照度,符合照明舒适性的统一眩光值、均匀度等。

第三,设计师应提供有利于节能的照明控制方案。如:公用梯间采用节能自熄开关,房间每个开关所控灯具不宜太多,报告厅等大型空间应采取分组控灯等措施。

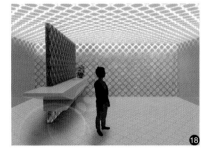

⑱

⑲

⑳

⑱ ⑲ ⑳ ㉑ 概念设计方案体现了人们对未来光环境的期望,使用者通过电脑终端控制空间 LED 光源的颜色、亮度和形状等,根据不同时间段人的使用需求而改变空间的照明氛围。

㉑

🔍 **课堂思考**

- -

1. 举例,描述你对自然采光的心理感受。

2. 观察生活中失败的照明设计案例并拍摄照片,对这些糟糕的光环境进行分析。

3. 未来的照明设计趋势是什么?

Chapter 2
照明设计基础

🔍 **学习目标**

通过本章的学习，掌握照明设计的诸多基础概念：视觉环境特点、色温、光源、眩光、照明方式、专业术语等小节的内容。

🔍 **学习重点**

通过本章的学习，重点掌握"显示性""照明方式""照度""配光曲线"等重要基础概念。

一、视觉、视觉环境与视知觉

1. 视觉体验的过程与特点

若从生理学的角度，分析人的视觉体验过程，不免有些晦涩与难以理解，但是从体验拍照过程的角度理解眼睛的结构（如图 22 所示）便容易许多。

事实上，眼睛观看的过程与相机拍照的过程近似。瞳孔具有类似光圈的作用，在虹膜的控制下根据光线的强弱放大或缩小；晶状体的作用如同相机的镜头，物体反射或辐射的光线穿过晶状体变成上下颠倒的图像投射在视网膜上（如图 23、24 所示）；视网膜像胶片一样接收投射进来的图像。至此，观看的过程与拍照的原理一样，但是观看的过程还在继续。汇集在视网膜上的图像经过视神经传递到大脑，由大脑对接收的视觉信息进行分析和译码，当我们得出"看到什么"的结论时，视觉体验的过程才完全结束。

实质上，眼睛只是人们收集视觉信息的工具，而客观环境与"看到什么"的结论存在差异，因为在视觉体验的过程中，个人对视觉的理解与分析才是眼睛"看到什么"的结论决定性因素，从这个层面上理解"情人眼里出西施"也是同样的道理。

2. 视觉环境

大家都有过类似的视觉体验：

白天，从户外进入伸手不见五指的影院内，一开始感觉自己像失明了，过了一段时间，才能逐渐适应。

晚上，路灯光线昏黄，远远看见一只黄色的猫停在路中间，走近一看，却发现这是一只白猫。

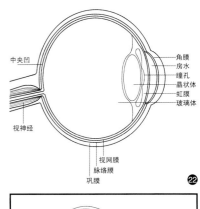

中央凹　　　　　　　角膜
　　　　　　　　　房水
　　　　　　　　　瞳孔
　　　　　　　　　晶状体
　　　　　　　　　虹膜
　　　　　　　　　玻璃体
视神经

　　　视网膜
　　　脉络膜
　　巩膜　　　　　　❷❷

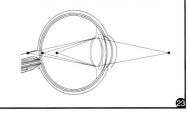

❷❸

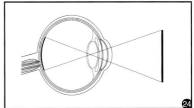

❷❹

❷❷ 人眼结构示意图。

❷❸ ❷❹ 人眼的成像原理示意图。

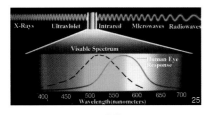

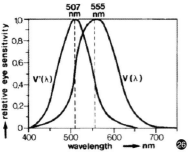

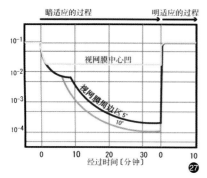

❷❺ 可见光光谱的分布范围示意图。

❷❻ 人眼在低亮度水平的环境中，对507nm 的光最敏感，由视网膜上的杆状视觉细胞主导；在高亮度水平的环境中，对555nm 的光最敏感，由视网膜上的锥体细胞主导。

❷❼ 人眼的暗适应过程可持续30分钟或更久，而明适应过程只需要几分钟，一般不超过十分钟。

我们常常依据光环境的亮度、色彩和对比度来判断视觉环境的特征。由此可见，没有光线或光线太暗时，我们无法准确判断周围环境的特征。

在全光谱的照明条件下，人眼对物体的色彩的判断最准确，换言之，任何缺少或加强某个波段光谱的光源，都会影响人眼对物体颜色的判断。人工光源中，最接近全光谱的光源是白炽灯和卤钨灯这一类的热辐射光源。钨丝灯和卤钨灯光源色表呈现黄白色，如果以自然光100的显色指数作为参照，两者的显色指数高于90，在这些光源下，物体显现出最真的颜色，而在高压汞灯和低压钠灯下，同样的物体显现的颜色却偏暖，它们的显色指数均低于39，但是由于人的视觉系统对色彩的认知具有恒常性，即使在不同显色指数的光源下，大脑对视觉神经感知到的颜色进行加工，最后仍得出对物体本色的认知。这就是为什么在夜晚昏黄的光线下，我们仍然知道树叶是绿色的，而不是红色的。

在同样的光照条件下，影响人眼对环境中亮度感知的因素来自两方面，一方面受到颜色物理亮度的影响，另一方面则受到物体与环境之间对比关系的影响。

物体表面的光滑程度、材料的质感和色彩属性等因素直接影响人眼对物体亮度的判断。例如，在同样的人工光照环境中，同样体积的两个立方体，灰色金属质感的立方体比灰色布面的立方体看起来亮很多，因为金属材质的反射系数高于表面颗粒较粗的布面。

另外，由于受到视野中的环境亮度和物体亮度之间对比度影响，眼睛对亮度的感知有所不同。理论上而言，当环境亮度保持在100cd/m²，物体亮度与环境亮度的比值在3:1，人眼的感受性最高。例如，将同样体积、颜色和质感的立方体放置在不同照度的环境中，与100cd/m² 亮度的环境相比，人眼能更迅速地从300cd/m² 光环境中判断出立方体的特征。

当环境亮度逐渐升高时，即便物体亮度和环境亮度的比值在3:1，眼睛的感受性的下降趋势迅速；如果环境亮度逐渐下降，物体亮度和环境亮度的比值仍是3:1，眼睛的感受性下降趋势缓慢。譬如，我们被暴露在高光下更容易产生眩晕，而处在昏暗处则感觉更放松些。值得注意的是，实际生活中，视神经对亮度的判断存在个体差异，换言之，人眼对明暗的适应性不同，做出的判断也不同。

3. 视知觉

但凡接触过艺术或设计的人们，都对法国艺术家埃舍尔的画记忆犹新，看他的画时，我们会产生怀疑，怀疑自己的眼睛出了问题，如图28、29所示。

事实上，我们的眼睛没有问题，只是因为埃舍尔的画而产生了视错觉的现象，视错觉属于视知觉系统研究的一个分支。从根本而言，我们对三维世界运动或相对静止的物体的视觉认知，对物体的远近和大小的判断完全来自于光、影、形态、质感和色彩信息综合处理的结果。在我们的眼睛获取任何视觉信息的同时，我们的大脑正连续不断地对这些信息进行分析，进而得出各种各样的结论。埃舍尔的

017

Chapter 1 概述

Chapter 2 照明设计基础

Chapter 3 照明设计基本原理与程序

Chapter 4 光效设计

Chapter 5 室内照明设计的应用

Chapter 6 室外照明设计的应用

作品，信息非常复杂，视觉经验无法判读处于矛盾状态下的信息时，认知系统会出现暂时性混乱，产生视错现象。

从生物学的角度，人类视知觉系统的特性总结如下：

（1）光知觉：眼睛接受光线，将其转换成脉冲信号，传递给大脑，而人天生具有趋光性特点。

（2）颜色知觉：颜色知觉既来自外在世界的物理刺激，又不完全符合外界物理刺激的性质，它是人类对外界刺激的一种独特反应形式，一定波长范围的电磁波作用于人的视觉器官，信息经过视觉系统的加工而产生颜色知觉。颜色知觉是客观刺激与人的神经系统相互作用的结果，色彩的恒常性即说明这一点。例如我们在漆黑的夜间看到一只白猫，我们绝对不会认为这只白猫到了夜晚就变成黑猫。事实上，这只白猫在黑暗的夜里，显现出来的颜色是深灰色，由于我们的大脑已储存这只猫的色彩信息，换言之色彩的恒常性发挥作用，所以我们仍然认为晚上看到的是一只白猫。

（3）方向知觉：光刺激到达视网膜的不同部分被大脑诠释为来自不同方向的光。

（4）形状知觉：不同的视觉元素经过大脑的整合形成了完整的视觉图像，于是产生对形状与结构的认知。

（5）空间知觉：两只眼睛把各自所接受的视觉信息传递到大脑皮层的视觉中枢，在这里经过一定的整合，产生一个单一的具有深度感的视觉映像。人眼能够在只有高度和宽度的两度空间视像的基础上看出深度，这主要是生理调节线索、

❷❷ 埃舍尔的视错空间。

❸⓿ 艺术家用反光材料包裹桥梁，使得人们对桥体色彩的认识产生变化。

❸❶ 该示意图分析视觉神经系统中不同细胞的功能。

❸❷ 该自然光下的物体颜色最真实，因为来自太阳的光为全光谱。

019

Chapter 1 概述

Chapter 2 照明设计基础

Chapter 3 照明设计基本原理与程序

Chapter 4 光效设计

Chapter 5 室内照明设计的应用

Chapter 6 室外照明设计的应用

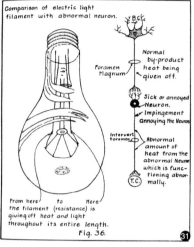

单眼线索和双眼线索共同作用导致的结果。

（6）运动知觉

在人眼和头部不动时，运动物体连续刺激视网膜各点，通过视像在视网膜上的移动，我们便感知物体在运动。运动视觉可分为真动知觉、似动知觉和诱动知觉。真动知觉根据物体本身的速度和移动轨迹作连续唯一的判断。它依赖于物体本身的运动速度，如空中飞行的飞机和地面奔驰的火车。似动知觉是连续静止的刺激在视野的不同地点出现，而使观察者产生的运动知觉，如电影、霓虹灯广告等。诱动知觉指的是不动的物体因其周围物体的运动而使它看起来好像在运动的现象。例如，站台上停靠的两列火车，实际上，对面的火车在向后开动，我们的火车没开动，但从视觉角度判断，我们的火车已经向前开动。

（7）反射知觉

大脑对于物体亮度的明暗判断与实际的物理亮度并非一致，其判读受到物体的反射特性和整体视觉环境中的亮度影响。

人脑在对收到的视觉信息进行分析判断时，一方面依靠生物本能，另一方面依靠先前的视觉经验。视觉经验影响大脑做出更高级的判断，因此视觉的判断更具主观性特征，两个人在同样的时间与同样的环境中看的事物，最终的结论因环境、情境甚至个体经验的差异而各不相同，因此，在视觉设计中，设计者需要灵活对待视觉体验的主观性和经验性。

（8）图底关系

鲁宾之杯是著名的描述图案与背景之间存在反转关系的作品，看到杯子还是人的侧脸，要看眼睛选择谁作图案，谁作背景。完形心理学研究揭示出，视觉倾向于把接近的图形解读成一个完整形态，因为大脑更加容易辨别出有完整形态和清晰意义的图形。图底关系这种现象提醒，在环境照明设计中，如果某些视觉信息希望引起观众的额外重视，就要让这些信息优先成为环境中的"图案"，如图33中，叶子形状的发光体成为该空间的视觉焦点。

（9）视觉的恒常性

形状、大小、亮度、颜色、质地等视觉因素在大脑进行分析判断时共同起作用，除此之外大脑的判断还整合了环境、经验甚至心理期望等因素，所以视觉能够准确地分辨出哪些现象是物体的本质属性，哪些现象是因为外界影响而产生的表面改变，这种现象被称为视觉的恒常性，而视觉的恒常现象正是证明视觉体验是知觉的整合这一特征。

㉝ 叶子形状的发光体成为该空间的视觉焦点。

（10）视错觉

视错觉研究者普遍赞同的观点是："视错觉运动是一种特殊的周边漂移错觉:

33

由静态重复不对称图案所引起的现象。"一位研究视错觉的科学家 Backus 提出这个解释的依据是："运动检测器无法补偿神经细胞的动力学。"（他 2005年提出："Illusion motion from change over time in the response to sand luminance."）未经组合整理排列的一般图案无法引发全域检测，因此这些信号不会触发错觉运动。当模仿神经细胞在对比和光亮的适应条件下，真实的亮度随着时间改变，并且改变视觉细胞对动画影像定性的、相似的运动认知，在这个过程中，对象的颜色和整体的对比起到强化这种错觉的作用。

二、照明设计中的色彩

想象一下，如果这个世界只剩下黑白，我们的生活也将变得枯燥乏味。虽然色彩对于人类而言不是基本的生存条件，但是色彩是整个人类存在的必备条件。本小节将从色彩的基本属性揭开对色彩的认知之旅，分析生活中认知系统如何对照明环境中的色彩进行辨别，并着重分析人对色彩的感受。

1. 色彩属性

色相——根据物体反射的主要波长所呈现的色彩表现，可以对其进行一般性描述。人们将不同的色彩印象加以区别和命名，这些不同的名称就是色相。在可见光谱中依次呈现的红、橙、黄、绿、蓝、紫，分别代表不同波长的色相。

明度——是指色彩的明暗程度。明度与物体表面的反射率有关，反射率越高或光线越强，其明度就越高，看上去色泽就会较亮或较浅；反之，当物体吸收大部分光线或光线越弱时，则明度较低，色泽就会较深或较暗。

纯度——代表色彩的鲜艳程度，也就是色彩的彩度或饱和度。颜色越纯，彩度越高，视觉刺激越强。

2. 光源色、固有色与显现色

照明设计中的色彩，实质上包含两层意义：一是光源本身的颜色；二是经过灯光照射后，经吸收、反射或透射后物体所呈现的颜色。而物体所呈现的颜色又包括两个概念：一是物体在自然光下所呈现的固有色，二是物体在人工照明环境下的显现色。光源色、固有色与显现色三者之间互为因果关系，任何一方的改变都会引起其他两方色彩的变化。如图 36、37 所示，建筑的固有色为灰色金属框架与透明玻璃，由于使用冷色光源，建筑在夜间完全呈现另一种色彩，这种显现色与纯蓝色不同，与固有色也截然不同。物体在光谱分布图中，具有最长距离波长的颜色就是该物体的颜色。例如，人们看到叶子之所以是绿色，是因为中波（绿色）波长的反射比最高。我们判断叶子变黄了，就证明叶子这时长波（黄色）波长的反射比最高。

❸❹ 三棱镜分光原理。

❸❺ CIE 1931 色度图，外侧曲线边际是光谱轨迹，波长单位是纳米。

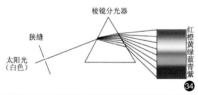

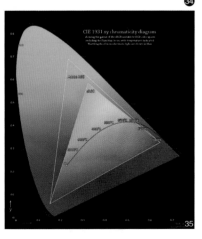

36 37 此建筑在日光下和人工光下的色彩截然不同。

3. 人对色彩的感受

我们都有过类似的体会：进入一个空间，第一感觉很重要，而这种第一感觉往往是人对环境中色彩感知的结果。色彩一变，空间气氛就跟着变，人的情绪也跟着波动，看到红色我们情绪高涨，看到翠绿色我们心情舒畅、平静，请读者回想生活中情绪是否曾受到色彩的影响。色彩对人的影响远不止于改变人的情绪，例如色彩能唤起我们对以往空间的回忆，提高我们对周围环境的警惕性等等。

（1）清凉与温暖感

根据生活经验，当我们看到绿色的森林、碧绿的湖水、蔚蓝的天空时，我们就会感到凉爽与平静，而当我们看到橘色的灯光、大红的灯笼、浅褐色的墙砖，我们又会感到温暖与舒适，因此在设计中，我们常常从人们对色彩的心理感受出发，设计灯光，根据案例的具体特点搭配色彩。图 38 中大面积的红色则给人们带来温暖或热烈的感受，而白色的灯光则起到平衡作用，而图 39 中，绿色与蓝色给人带来轻松与随意的心情。

（2）色彩的重量感

比较图 40 与图 41，前者图中红色雕塑虽然体积上比后者建筑的体积小，但是视觉感受上，比建筑的分量重许多，后者在白色灯光的映衬下更显轻盈与剔透。在照明设计中，我们常常利用白色的灯光打在高大的墙体或物体上，来减轻墙体的压迫感与物体的笨拙感。

❸❽ 温暖的红色更加凸显白光的清凉。

❸❾ 蓝光与绿光营造的环境。

38

39

Chapter 1 概述

Chapter 2 照明设计基础

Chapter 3 照明设计基本原理与程序

Chapter 4 光效设计

Chapter 5 室内照明设计的应用

Chapter 6 室外照明设计的应用

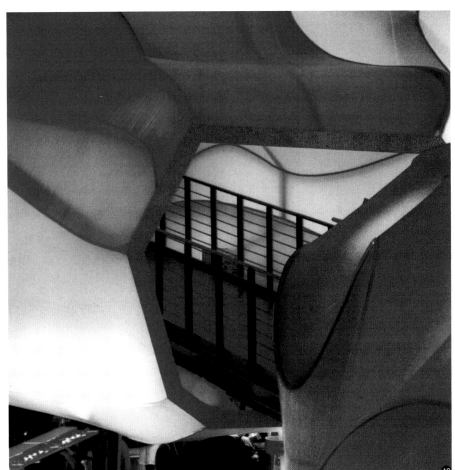

40 41 红色雕塑在视觉上明显比白色建筑的分量重许多。

025

Chapter 1
概述

Chapter 2
照明设计基础

Chapter 3
照明设计基本原理与程序

Chapter 4
光效设计

Chapter 5
室内照明设计的应用

Chapter 6
室外照明设计的应用

（3）前进与后退感

如图 42 中的酒吧灯光，各种色彩的光线融合在一个空间中，冷色的蓝光与绿光在后退，仔细看背景墙上的红光斑与蓝光斑，感觉墙上红光斑离我们更近些，而蓝光斑更远些。图 43 中，展厅使用同样的形式，但是使用不同的色彩。前者是冷色与暖色的对比，红色越发鲜艳，引发人的关注与兴奋之情，同时也衬托了蓝色的冷酷与收缩感。

❹❷ ❹❸ 酒吧中常常运用灯光来营造独特的进餐氛围。

（4）膨胀与收缩感

视觉上，低明度色彩的空间比高明度色彩的空间更显狭小，高纯度色彩的空间又比低纯度色彩的空间更显拥挤。不可忽略的因素是人们对色彩的偏好以及个体的色彩经验对人们感受结论的影响，因此设计师在对空间色彩的研究工作中，不可避免地在把握基本色彩规律的基础上，带有个人的主观性。色彩作为照明设计的重要组成部分，设计师为了更准确地把握照明色彩设计，应该对使用者的色彩心理进行调查与分析，才能准确定位。

如图45，鲜艳的红色雕塑比黑色的雕塑更有张力。

（5）色彩的空间感

物体被感知为更大还是更小，或者是前进还是后退，这些感受的形成无不受到色彩的影响。颜色间的对比，使我们觉得视野中的物体产生了距离上的变化。当冷色的物体与暖色的物体并置于同一空间中，冷色的物体似乎退到暖色的物体后面。除此之外，我们在不改变色相的情况下，改变这两组色彩的明度或者纯度时，也会发现高明度的物体更近，低明度的退远，高纯度的物体突然跳跃到眼前，而低纯度的物体则退后，如图46，蓝色灯带后退，而图47中，黄色灯箱向前，灰色墙面后退。

（6）色彩的象征感与安全感

例如红色象征着危险，黄色象征着注意，绿色象征着安全，这些象征性受到个人的生活体验以及教育背景的影响，如果在设计过程中巧妙地利用色彩的象征性，将得到意想不到的设计效果。另外色彩的象征性受到不同国家与民族本土文化的影响，所象征的含义也不同，因此当人们看到同样的色彩时，联想也不同，例如西方婚礼上使用白色是纯洁与神圣的象征，而在中国的传统婚礼中要避免出现白色，因为在中国文化中，白色通常被用在葬礼上。

❹❹ 近景中使用的蓝光包间给人以收缩感。

❹❺ 鲜艳的红色雕塑比黑色的雕塑更有张力。

❹❻ 在这个红光为主的空间中，蓝色的灯带使得一部分吊顶看上去比实际距离要远。

❹❼ 黄色灯箱向前，灰色墙面后退。

（7）色彩的诱惑感

　　一般情况下，红色诱目性最高，蓝色次之，绿色最小。任何一种色彩都可能产生诱惑感，关键是控制这种色彩与环境色之间形成的明度上的对比关系。通常在明度与纯度较低的环境中，出现高纯度与明度的色块，容易制造出诱惑感，如图48、49、50中，高纯度的颜色容易制造出诱惑感。

48　49　50 任何一种色彩在高饱和度和亮度的情况下，都容易制造出诱惑感。

027

Chapter 1 概述

Chapter 2 照明设计基础

Chapter 3 照明设计基本原理与程序

Chapter 4 光效设计

Chapter 5 室内照明设计的应用

Chapter 6 室外照明设计的应用

三、光源的种类和特征

在漫长的历史进程中，人类对自然界存在的光源进行利用，光源整体而言分为三种：热辐射、气体放电和固体发光。通俗化理解，火光就是热辐射光源，闪电就是气体放电光源，而萤火虫、海底生物等就是固体发光光源。人工照明历史的发展，受到自然界的启发，经过一百多年的发展，总体看来，经历白炽灯、荧光灯、高强气体放电灯以及发光进而激光 LED 四个阶段。

1. 热辐射光源

是指当电流通过并加热安装在填充气体泡壳内的灯丝时所发出的光。其发光光谱类似于黑体辐射的一类光源，白炽灯、玻璃反射灯与卤素灯都属于热辐射光源。

白炽灯的结构主要是由玻璃泡壳、灯丝、灯头和内充气体组成，如图52所示。灯泡壳可以是透明的，也可以是磨砂的，还可以是反射涂层。白炽灯的优点是维护、更换、安装工作简单容易，初期投资少；缺点是光效差，平均使用寿命短，遇到

51 自然界和人工光源的类型对比分析。
52 市场上拍摄的各种人工光源。
53 人工光源分类表。

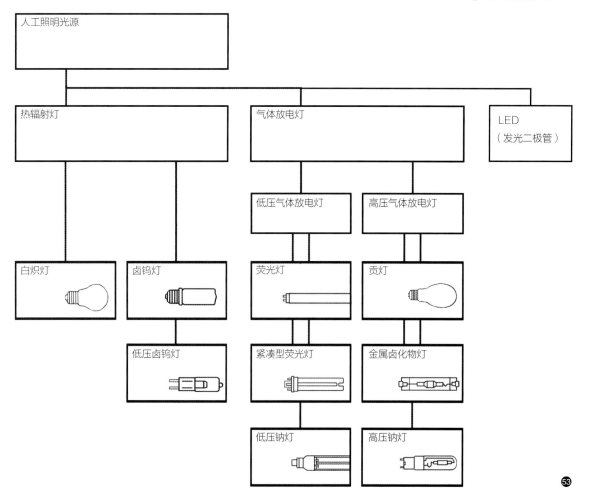
53

高大空间时，不易提高被照物体的亮度。玻璃反射灯使用压制玻璃一体成形，属于高光强的光源。由于增加了光学反射器，这类光源具有明亮的光速和精确的角度，特别适合小空间和重点物体照明用。经济型 PAR 灯的使用寿命为 2000 小时，比白炽灯使用寿命长。卤素灯是在白炽灯内填充卤化物，灯泡壳适用石英玻璃的光源。卤素灯比白炽灯的光效高、寿命长以及色温高，并且不会像白炽灯产生发黑的现象，因此，卤素灯广泛用于商业展示、娱乐场所、建筑物外光照、广告和停车场等照明设计中。

2. 气体放电光源

气体放电光源的产生原理类似于我们熟悉的自然现象——闪电，电流通过封闭在管内的气体或金属蒸气等离子时发光。根据填充材料的压力不同，其可分为低压气体放电灯和高压气体放电灯。例如荧光灯，属于低压汞蒸气放电灯，在玻璃管内壁涂有荧光材料，将放电过程中的外线辐射转化为可见光。节能灯实际上是缩短后的荧光灯，具有光效高、节能、体积小、寿命长以及使用方便等优点，因此被广泛使用。还有一种低压气体放电灯叫低压氖灯，是由带有钠的 u 形放电灯中的惰性气体和氖蒸气放电产生 589nm 的黄色谱线，是一种单色光源，显色指数不存在。由于放电管工作时温度很高，所以被封入真空带红外反射膜透明的外套管中。再如高压钠灯属于高压气体放电灯，比起低压钠灯，高压钠灯工作时所需的温度和压力更高，虽然显色性比低压钠灯略好，还需进一步改善。总体而言，鉴于高压钠灯的高光效和长寿命优势，它成为道路照明、景观照明、建筑物外观照明、大型场馆照明和一些对显色要求不高的环境的首选光源。

❺❹ 白炽灯的内部结构解剖。

❺❺ 高压汞灯的蓝绿光谱能量分布最强，因此适合植物的夜间照明，显得植物更绿。

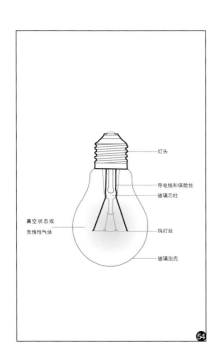

灯头
导电线和保险丝
玻璃芯杆
真空状态或充情性气体
钨灯丝
玻璃泡壳

029

Chapter 1 概述

Chapter 2 照明设计基础

Chapter 3 照明设计基本原理与程序

Chapter 4 光效设计

Chapter 5 室内照明设计的应用

Chapter 6 室外照明设计的应用

3. 固体放电光源

是指某种固体材料与电场相互作用而发光的现象。高效、节能、长寿命的新型光源一直是照明专家研究的目标，特别是当下对绿色照明光源的研发。例如无极感应灯，一种在气体放电时通过电磁感应而产生的光，目前较多应用于维护费用高、人难以到达的地方，如高层建筑屋顶、塔等。微波硫灯，适用 2450MHz 微波来激发石英泡壳内的发光物质硫，从而产生连续可见光。这也是一种节能、光色好、污染小以及寿命长的绿色照明产品。此外，还有一种新光源——发光二极管 LED。它是在半导体 p-n 结构或类似的结构中，通以正向电流，以高效率发出可见光或红外辐射的设备（图 58）。LED 使用寿命长达 10 万小时，理论上如果每天工作 8 小时，可以有 35 年免维护；低压运行时，几乎可达到全光输出，调光时到零输出，可以组合出各种光色，同时还具备点光源特性、无红外线和紫外线辐射、热量低等明显优势，对于照明设计而言，高亮度 LED 的研发和应用，给照明设计带来无限的创造力。目前，LED 灯的使用成本高于其他类型，因此未得到普遍使用。

❺❻ 金卤灯光谱能量分布相对均匀，显色性比较好。

❺❼ 高压钠灯和金卤灯的光谱能量分布示意图。

❺❽ LED 装饰的建筑立面，可以变换颜色。

56

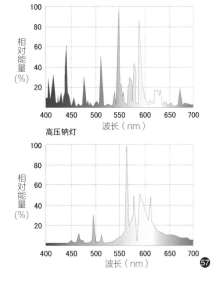

57

58

四、照明方式

1. 光的作用方式

照明方式的研究是进行照明设计的基石。打个比方，光源好比人的躯体，色彩好比人的衣着，而照明方式则是人的大脑，大脑决定如何去做一件事情，以及如何做才是有效的，照明方式决定着如何打光,如何创造令人印象深刻的照明效果。而对照明方式的研究，需从研究光的作用方式开始。

（1）反射现象

人们所看到的一切影像均来自物体对光的反射，没有光的反射，人们什么也看不见。

光的反射可分为镜面反射和漫反射。

镜面反射：当光线照射到光亮平滑的表面时，光线的反射角等于入射角。这种反射光的特性是容易制造出特别耀眼的光照效果，参考图59、60，但是这种光效不好好控制就会产生反射眩光，给人们带来不舒适的视觉体验。

漫反射：当光线落到白色墙面或其他具有均匀质感的材料上时产生漫反射，反射的光线没有方向性，在空间中呈发散状，其效果非常柔和，参考图61、62。漫反射效果的强弱，取决于物体表面颗粒的粗糙程度，质感粗糙的木板和质感光滑的丝绸，产生的效果明显不同。

🔟 🟢 镜面反射眩光的原理和实景分析。

🟢 🟢 漫反射眩光的原理和实景分析。

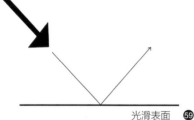

光滑表面 🔟

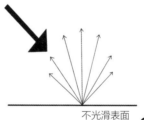

不光滑表面 🟢

60

62

031

Chapter 1 概述

Chapter 2 照明设计基础

Chapter 3 照明设计基本原理与程序

Chapter 4 光效设计

Chapter 5 室内照明设计的应用

Chapter 6 室外照明设计的应用

（2）透射现象

光的透射：是指光线穿过某类介质后继续辐射的现象。根据介质的透光率大小，光线的部分被介质吸收，从而削减了原来光线的亮度。比较图 63 和图 64 中，光线经地面玻璃砖透射出来，由于玻璃的透光率高，所以光线损失不大；而 PVC 的灯罩，透光率低一些，所以光线经过灯罩后，产生了漫透射现象，光线看起来更加柔和。

根据介质的构成，透射出的光线可产生直线透射现象和漫透射现象。

直线透射：是指经透射后的光线方向没有改变。

漫透射：是经透射后的光线向各个方向散去，在空间中形成漫射光。

（3）吸收现象

当光经过介质时，一部分被反射，一部分透射，另一部分被介质吸收。通常颜色深的表面比颜色浅的表面吸收更多的光。如图 65 中，处于同样的光源下，沙发上深色的靠垫吸收了更多的光线，因此看起来比浅色的靠垫小许多。

❻❸ 玻璃透光是生活中最常见的透射现象。

❻❹ PVC 灯罩的透光率比玻璃小，因此看起来更柔和。

❻❺ 深色靠垫比白色靠垫吸收更多的光线，因此看起来更小。

033

Chapter 1
概述

Chapter 2
照明设计基础

Chapter 3
照明设计基本原理与程序

Chapter 4
光效设计

Chapter 5
室内照明设计的应用

Chapter 6
室外照明设计的应用

❻ 日光经三棱镜折射，投在墙壁上形成美妙的七色，给这个白色楼梯间带来活力。

❼ 直接照明形成的强烈光斑，立刻让乏味黯淡的走廊空间生动起来。

（4）折射现象

当光从折射率为 n_1 的介质进入到不同密度的介质时（如空气到玻璃或玻璃到空气），光线的折射角度被改变，其偏离的程度与两种介质的折射率有关。生活中的折射现象如雨后的彩虹，如图 66，设计师在窗户上安装了三棱导光管，当直射光通过导光管时，就会在楼梯间的墙面上折射出美妙的彩虹，每天彩虹的位置和大小都不同。

2. 光在空间中的分布

照明方式可分为直接照明方式、间接照明方式以及半间接照明方式。将不同照明方式集中于一个空间中，便于理解灯具的形式与空间的关系。此处将结合不同的照明方式，对光的分布进行解释。

（1）直接照明

光线通过灯具射出，其中 90% ~ 100% 的光通量到达假定的工作面上，这种照明方式为直接照明。这种照明方式具有强烈的明暗对比，并能造成有趣生动的光影效果，可突出工作面在整个环境中的主导地位；但是由于亮度较高，应防止眩光的产生，尤其是在工厂、办公室、展厅等空间中，应尽量避免因直接照明引起的直射眩光，如图 67，走廊中均匀分布的射灯，直接照在墙面和地面，形成强烈的节奏感。

（2）半直接照明

半直接照明方式是半透明材料制成的灯罩罩住光源上部，60%～90%以上的光线集中射向工作面，10%～40%被罩光线又经半透明灯罩扩散而向上漫射，其光线比较柔和。这种灯具常用于较低的房间的一般照明。由于漫射光线能照亮平顶，使房间顶部高度增加，因而能产生较高的空间感。如图68，天花上灯具的光线集中在下面，但是有一小部分向上。

（3）间接照明

间接照明方式是将光源遮蔽而产生的间接光的照明方式，其中90%～100%的光通量通过天棚或墙面反射作用于工作面，10%以下的光线则直接照射工作面。通常有两种处理方法：一是将不透明的灯罩装在灯泡的下部，光线射向平顶或其他物体上反射成间接光线；一种是把灯泡设在灯槽内，光线从平顶反射到室内成间接光线。这种照明方式单独使用时，需要注意不透明灯罩下部的浓重阴影，通常和其他照明方式配合使用，才能取得特殊的艺术效果。商场、服饰店、会议室等场所，一般将其作为环境照明使用，或用来提高周围环境的亮度，图69中，这间开敞的办公室通过间接照明营造出均匀的假天空光效果。

（4）半间接照明

半间接照明方式，恰恰与半直接照明相反，把半透明的灯罩装在光源下部，60%以上的光线射向平顶，形成间接光源，10%～40%部分光线经灯罩向下扩散。这种方式能产生比较特殊的照明效果，使较低矮的房间有增高的感觉，也适用于住宅中的小空间部分，如门厅、过道、服饰店等，通常在学习的环境中采用这种照明方式，最为相宜。在图71，远处的落地灯和沙发旁的台灯，都是半间接照明，因为天花板上明显出现了这些灯具的光斑，同时茶几的桌面也被照亮。

❻❽ 灯具的特殊遮罩，使得一小部分光向上。

❻❾ 通过间接照明营造出均匀的假天空光效果。

035

Chapter 1 概述

Chapter 2 照明设计基础

Chapter 3 照明设计基本原理与程序

Chapter 4 光效设计

Chapter 5 室内照明设计的应用

Chapter 6 室外照明设计的应用

（5）漫射照明

漫射照明方式，是利用光线的折射特点，将光线向四周扩散漫射。这种照明大体上有两种形式：一种是光线从灯罩上口射出经平顶反射，两侧从半透明灯罩扩散，下部从格栅扩散；另一种是用半透明灯罩把光线全部封闭而产生漫射。这类照明光线非常柔和，视觉上较为舒适，如图72、73中，漫射照明方式产生的柔和光效。

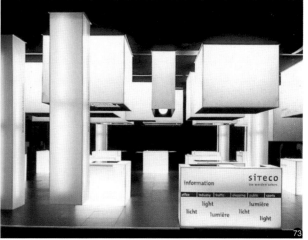

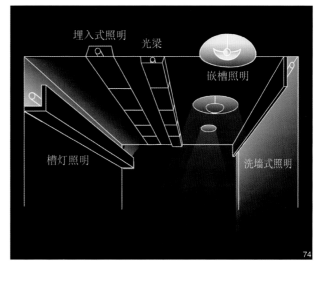

⑦⓪ 该空间全部采用间接照明方式，见光不见灯。

⑦① 以半间接照明为主的室内环境，容易让视觉放松，舒适度得到提升。

⑦② ⑦③ 漫射照明方式产生的柔和光效。

⑦④ 室内常见照明方式与空间结构相结合的示意图。

间接照明

直接照明

漫射照明

75

75 76 室内设计中，设计师常常将五种照明方式综合运用，以满足不同功能的需要。

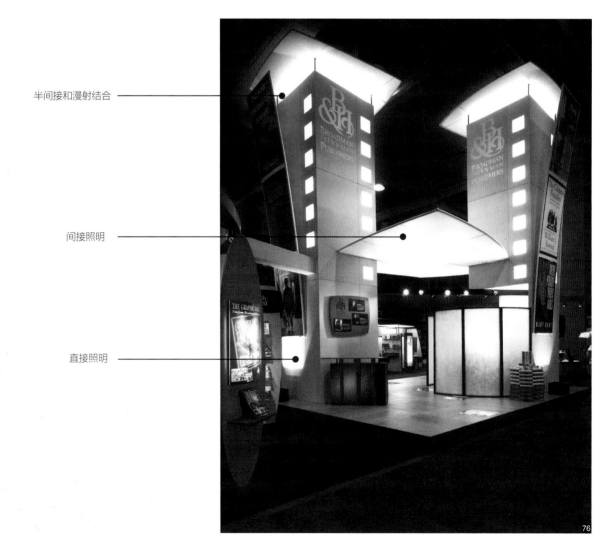

半间接和漫射结合

间接照明

直接照明

76

037

Chapter 1
概述

Chapter 2
照明设计基础

Chapter 3
照明设计基本原理与程序

Chapter 4
光效设计

Chapter 5
室内照明设计的应用

Chapter 6
室外照明设计的应用

五、灯具

灯具是人们夜间生活中的重要必需品，发挥着非常重要的作用。从接触的频率而言，我们对灯具非常熟悉，每天都会频繁使用办公室的工作灯、展厅里的射灯、床边的床头灯、客厅的水晶吊灯，但是，我们对于灯具的构造、光线的分配形式，以及光通量的控制却又不熟知，本小节教你从认识灯具的内部基本构造开始认识灯具。

1. 灯具的构造

（1）光源，如各种灯泡和灯管；

（2）控制光线分布的光学元件，如各种反射器、透镜、遮光器和滤镜等，如图 77 所示；

（3）固定灯泡并提供电器连接的电器部件，如灯座、镇流器等；

（4）用于支撑和安转灯具的机械部件等。

77 装上各种滤镜后的聚光灯。

78 79 80 灯具名称：飞利浦高效节能筒灯，型号：MBS145-150 TD，图片显示灯具造型和颜色的实景拍摄照片，变压器和灯具链接示意图，以及该灯具的配光图。

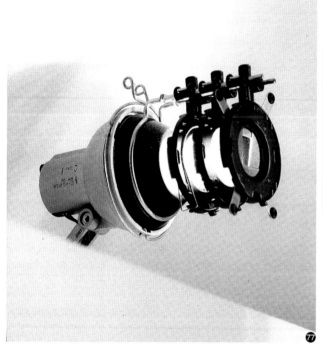

77

78

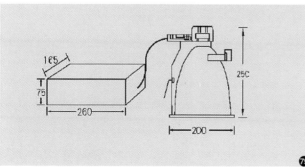

79

80

2. 灯具与光线的控制

对灯具光线的控制，通常有四种不同的方式：

其一：通过灯具上的反射器，光源发出的光经反射器反射后投射到目标方向。反射器是利用反射原理重新分配光通量的配件，早期使用玻璃作为反射材料，为提高发光效能，先采用镀铝或镀铬的塑料。反射器的形式多种多样，可分为球面反射器、抛物面反射器等等，如图 81。

其二：通过遮光器，如图 82、83，遮光器有嵌入式与外接式两种，嵌入式遮光器与灯具为一体，基本构造类似于栅栏格，格子越密，保护角越大，有效光线的损失也越大。

其三：使用滤镜。滤镜分三种：变色滤镜可以控制光的颜色，使用镀膜彩色玻璃或耐高温塑料制成，如图 84；保护滤镜则可以减少光线中的红外线与紫外线辐射带来的伤害；投影滤镜安装雕刻镂空图案的金属薄片对光线进行遮挡，从而可以投出各种图案。在同一个灯具上，可根据照明效果的需要安装不同功能的滤镜，达到预期设计的光效。

其四：通过透镜来控制光线，透镜是利用光的折射原理重新分配光源光通量的元件。

81 82 83 装上不同光学元件的灯具。

84 同一灯具可以安装不同颜色的滤镜。

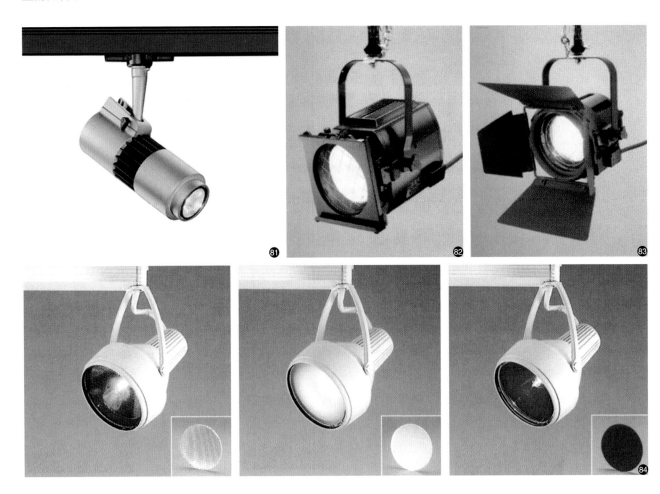

3. 灯具的分类

灯具的种类繁多，可依据不同的使用空间分类，也可根据灯具发出的光线在空间中的分布进行分类，还可根据灯具的不同结构与造型进行分类。本小节从不同的角度介绍灯具的类型：

（1）根据不同功能的空间分类

在以下这些不同功能的空间中，使用的灯具类型不尽相同：室内环境中用于住宅空间、办公空间、商店空间、观演空间、竞技空间等空间的照明灯具，室外环境中用于建筑外立面、广场、道路、景观、公共设施等空间的照明灯具。

（2）根据灯具发出光线在空间中的分布情况

泛光灯：灯具中的光源发出的光通量向着各个方向发散，照亮整个环境的灯被称为泛光灯，如图 85、86 所示。

聚光灯：灯具中的光源发出的光通量汇集为一束，有明确光束角的灯被称为聚光灯，如图 87、88 所示。

85 86 泛光灯照明效果和灯具反射器的内壁形态。

87 88 聚光灯照明效果和灯具反射器的内壁形态。

89 90 洗墙灯照明效果和灯具反射器的内壁形态。

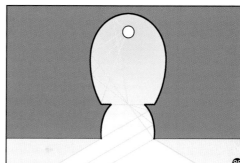

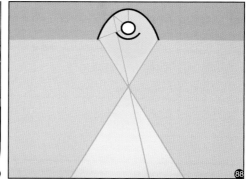

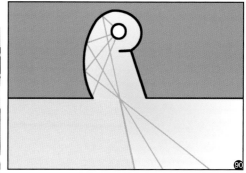

039

Chapter 1 概述

Chapter 2 照明设计基础

Chapter 3 照明设计基本原理与程序

Chapter 4 光效设计

Chapter 5 室内照明设计的应用

Chapter 6 室外照明设计的应用

洗墙灯：可以被看作是一种光束角特别宽的聚光灯，此种灯发出的光通量在整个光束角内的分布非常均匀，照明效果如从水平方向漫过一个平面一样，主要被用来均匀地照亮某个空间界面，如图 89、90 所示。

（3）根据灯具的形态进行分类

根据灯具的形态以及结构可分为以下几类：下垂吊灯、枝形吊灯、嵌入式灯具、托架式灯具、台灯、射灯、落地灯、嵌入式地灯、柱式灯、艺术造型灯及其他等等，如图 91 所示。

4. 灯具的选择

在整个照明设计系统中，灯具作为传播光的载体，选择适合空间的灯具尤为重要。合适的灯具会有效改善空间的亮度，并形成更为艺术化的风格，甚至影响使用者的情绪。对灯具的选择可以参考以下几点。

第一步：确定光线分布的特点，运用合理的光线照射合理的空间。如果需要集中照亮某个物体，则选择聚光灯，如图 92；如果需要均匀分布光线的空间时，我们最好选择泛光灯，如图 93、94。

第二步：确定灯具的造型。灯具不仅满足其照亮空间的功能，而且要满足人们的精神需求。要根据环境的特点选择风格统一的灯具，如图 97、98 中，选择造型简洁的灯型，与室内家具和艺术品风格一致。

第三步：确定灯具的安装方式以及位置。灯具要固定在某个地方时，要考虑电线的长度、固定的牢固度、电源开关的位置以及维护的方便程度等等。

第四步：确定灯具的价格，市场上，同种功能同种造型的灯具价格不同，需要结合实际工程的预算，平衡照明效果、价格、造型等因素之间的关系选购。

根据光源进行分类
- 白炽灯灯具
- 荧光灯灯具
- HID灯灯具（高强度气体放电灯灯具）

根据式样和光照氛围分类
- 古典的
- 浪漫的
- 时尚的
- 自然的
- 日式的

根据形态（机械种类）进行分类
- 枝形吊灯
- 吊灯（下垂式）
- 天花板灯（直接安装型）
- 下射灯（以单灯型为主）
- 嵌入式灯具（多灯型）
- 托架式壁灯
- 台灯
- 射灯
- 装置灯（安装在家具上）
- 落地灯
- 庭园灯
- 柱式灯（设置在正门门厅处）
- 地理灯
- 其他

根据灯具材料进行分类
- 金属
- 玻璃
- 塑料
- 天然材料

根据使用空间进行分类
- 住宅用灯具
- 商店用灯具
- 办公室灯具
- 其他设施用灯具

根据特定项目进行分类
- 生产国别
- 灯数
- 耐热性
- 其他

根据安装方法进行分类
- 嵌入式灯具
- 直接安装式灯具（吸顶式安装灯具）
- 悬吊式灯具
- 柱顶安装灯具
- 壁装式灯具
- 夹钳式安装灯具

❾❶ 灯具的不同分类方式。

041

Chapter 1
概述

Chapter 2
照明设计基础

Chapter 3
照明设计基本原理与程序

Chapter 4
光效设计

Chapter 5
室内照明设计的应用

Chapter 6
室外照明设计的应用

⑨² 轨道射灯。

⑨³ 壁灯。

⑨⁴ 台灯。

⑨⁵ 枝形吊灯。

⑨⁶ LED 灯珠。

97 98 灯具造型与室内设计风格要统一。

99 吊灯的造型独特，成功地吸引了人的眼球，制造出艺术氛围。

100 华丽的水晶吊灯与欧式建筑风格匹配，与拱顶和壁画相呼应。

043

Chapter 1
概述

Chapter 2
照明设计基础

Chapter 3
照明设计基本原理与程序

Chapter 4
光效设计

Chapter 5
室内照明设计的应用

Chapter 6
室外照明设计的应用

101

101 吊灯的造型与布艺家具的图案为同一设计风格，加上颜色一致，神秘氛围浓厚。

六、照明设计术语

光的本质是电磁波，在波长范围及其宽广的电磁波中，光波仅占极小的部分，能够被视觉感知的可见光波的波长范围约在380nm~780nm之间，表现为红、橙、黄、绿、蓝、紫的光谱颜色。超过可见光谱的红外区域和紫外区域，人的视觉无法感知，但是生理上可以感知到。譬如，红外线会使人感到皮肤发热，波长小于30nm的紫外线辐射会损害生物组织等。因此，照明设计也要考虑红外线和紫外线辐射对人的负面影响。

1. 昼光

有价值的自然光是白天的昼光，昼光由直射光和天空光组成。

2. 日照

太阳辐射的能量包括直接通过大气到达地表的直射光和在大气中散射之后从天空到达地表的天空光，前者数量较多，将直射阳光称为"日照"。

日照除了能提供光和热之外，还有保健和干燥的作用，日光中所含有的紫外线可以促进人体合成维生素D，并具有杀菌的作用。但是日照也有负面影响，它会使室内的家具、绘画、装饰物褪色，在夏天增加室内用于降温的能耗等。

102 天空光的效果。

103 墙壁上的光斑为直射光。

045

Chapter 1
概述

Chapter 2
照明设计基础

Chapter 3
照明设计基本原理与程序

Chapter 4
光效设计

Chapter 5
室内照明设计的应用

Chapter 6
室外照明设计的应用

3. 眩光

　　眩光又被称为明适应，由于光线在视野中的分布不合理或亮度不适宜，或存在极端的亮度对比，而引起的视觉不舒适感和观察能力的降低，这类现象统称为眩光。

　　眩光是影响照明质量和光环境舒适性的重要因素之一，对人的生理与心理皆有十分明显的影响。

　　眩光按产生的方式，可分为直射眩光和间接眩光。

　　直射眩光：指在正常视野范围内出现亮度过高的由光源直接发出的光线，如图104。

　　间接眩光：又分为反射眩光与光幕反射眩光。反射眩光指光源发出的光线经过镜子、玻璃或其他光滑表面的反射后聚集成亮度过高的光线进入视野，如图105；光幕反射眩光指反射眩光覆盖在物体上的一层幕布，朦朦胧胧的，让人看不清物体的细节，如图106。

　　眩光按对视觉影响的程度不同，可分为不舒适眩光和失能眩光，不舒适眩光使视觉产生不舒适的感觉，失能眩光却能降低视觉对象的可见度。

4. 光通量

　　视觉对不同波长的电磁波产生的颜色具有不同的灵敏度，其中对黄绿光最敏感，人们常常会觉得黄绿光最亮，而波长较长的红光和波长较短的紫光则相对暗

104 直射眩光。
105 反射眩光。
106 光幕反射眩光。

得多。为了便于衡量这种主观感觉，国际上把 555nm 的黄绿光的感觉量定为 1，其余波长的光的感觉量都小于 1。鉴于视觉以主观感觉衡量光的特点，照明设计用光通量来衡量光源发出的光能大小，参考图 108。

光通量：排除方向、距离和强度因素，指单位时间内的光的总量，光通量类似于每分钟流过的水量。光通量的符号用 F 或 Φ 表示，单位流明，符号 lm。

5. 照度与亮度

（1）照度

对于被照面，常用落在它上面的光通量的多少来衡量它被照射的程度，这就是照度。照度指投射到物体表面上的光通量的密度，用符号 E 表示。照度的单位是流明每平方，又称勒克斯，符号 lx。1lx 指 1 流明的光通量均匀分布在 1 平方米的被照面上。40 瓦白炽灯下 1 米处的照度约为 30lx。阴天室外照度约 8000 ~ 12000lx。晴朗的正午室外照度可达 80000 ~ 90000lx。

（2）亮度

亮度是物体单位面积向视线方向发出的发光强度，用符号 L 表示。亮度的单位是烛光每平方米，又称尼特，符号是 nt。1 尼特相当于 1 平方米面积上沿法线（$\alpha = 0°$）方向产生 1 烛光的发光强度。

值得我们注意的是：物体表面照度并不直接等同于眼睛对它感觉的亮度。例如在房间内的同一位置放置黑色和白色两个物体，虽然照度相同，但是看起来白色物体要明显亮许多。

亮度作为一种主观的评价和感觉，用来表征物体表面的明亮程度。

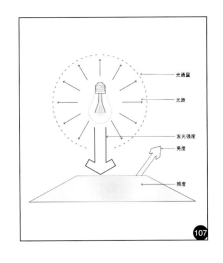

107

名称	代号	定义	公式	单位	
				名称	符号
光通量	F	人的眼睛所能感觉的辐射能量，每一波段的辐射能量与该波段相对视见率之乘积的总和	$F = K_m \cdot \int \phi(\lambda) \cdot V(\lambda) \cdot d\lambda \, [\text{lm}]$	流明	lm
光出射度	M	从一个表面发出的光通量密度	$M = \dfrac{dF}{dS} \, [\text{lm/m}^2]$	流明/m²	lm/m²
照度	E	射到一个表面的光通量密度	$E = \dfrac{dF}{dS} \, [\text{lx}]$	米烛（勒克斯）	lx
发光强度	I	在一定方向的单位立体角内的光通量，等于垂直于眩方向的单元及面的光通量与从光源向眩单元所张立体角（球面度）的比	$I = \dfrac{dF}{d\omega} \, [\text{cd}]$	烛光（坎德拉）	cd
亮度	L	从表面上的一个定方向发出的单位立体角、单位投影面积的光通量，它等于一个表面在一定方向的发光强度与沿那个方向看过去的投影面积的比值	$L = \dfrac{dF}{dS \cdot \cos\theta \cdot d\omega} \, [\text{cd/m}^2]$	尼特	nt (cd/m²)

108

107 该示意图分析光源的照度、亮度和光通量之间的关系。

108 光的度量单位和公式。

6. 色温与显色性

实质上，色温与显色性是分析光的色与物体的外观色彩的重要依据。

（1）色温

光线的颜色主要取决于光源的色温。当光源发出的光的颜色与黑体在某一温度下辐射的颜色相同时，黑色的温度就称为该光源的颜色温度，简称色温，以电光源的初始温标表示，符号是 K。光源色温大于 5300K 时的光色看起来比较凉爽，称之为冷色光；色温小于 3300K 时的光色看起来比较温暖，称之为暖色光。图 109 帮助我们更直观地理解色温概念。

光源色温属于 5300 ~ 3300K 之间的光色介于冷暖之间，如图 111。一般来讲，红色光的色温低，蓝色光的色温高。低色温的暖光在低照明水平下比较受欢迎，容易使人联想到火焰或者黎明与黄昏时光线中所拥有的金红色光芒。高色温的冷光在较高的照度时较受欢迎，容易使人联想到昼光。

（2）显色性

物体之所以有颜色，是因为物体表面吸收了入射光中某些波长的光，同时反射其余波长的光，反射光波的颜色就是物体的颜色，由于光的光谱分布不同，同一个物体在不同光源下呈现不同的色彩。当我们辨认物体的色彩时，由于受到各种外界因素的影响，物体所显现的色彩往往与物体的固有色不一致，使用不同色相的光源，物体的显现色就会直接被影响。

例如，我们在以白炽灯照明为主的服装店买一件白衬衣，然后拿到店外的自然光下观察，发现看到的白衬衣颜色有变化。自然光下看到的是带蓝色的白衬衣，

109 色温表。

110 不同光源的色温和显色指数比较。

111 自然光与人工光的色温比较。

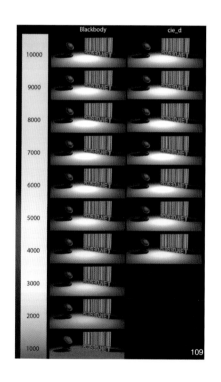

109

光源名称	一般显色指数（Ra）	色温（K）
白炽灯（500W）	95以上	2900
卤钨灯（500W）	95以上	2700
荧光灯（日光色40W）	70~80	6600
高压汞灯（400W）	30~40	5000
高压钠灯（400W）	20~25	1900

110

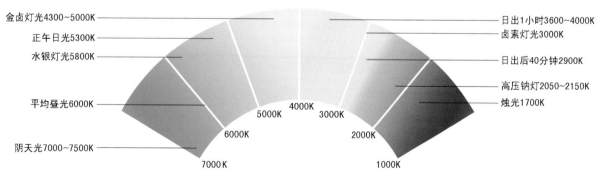

金卤灯光4300~5000K　正午日光5300K　水银灯光5800K　平均昼光6000K　阴天光7000~7500K
日出1小时3600~4000K　卤素灯光3000K　日出后40分钟2900K　高压钠灯2050~2150K　烛光1700K

4000K　5000K　3000K　6000K　2000K　7000K　1000K

111

047

Chapter 1 概述

Chapter 2 照明设计基础

Chapter 3 照明设计基本原理与程序

Chapter 4 光效设计

Chapter 5 室内照明设计的应用

Chapter 6 室外照明设计的应用

显色指数级别	光源与物体的显色关系	CRI数值	光源名称
1A	准确的色彩匹配	90~100	钨丝灯、卤钨灯、某些专业的荧光灯和金卤灯
1B	良好的显色性	80~89	三基色荧光灯、紧凑型荧光灯、白色高压钠灯
2	一般的显色性	60~79	普通荧光灯
3	微弱的显色性	40~59	高压汞灯、高压钠灯
4	差的显色性	20~39	低压钠灯

白炽灯下看到的是带黄色的白衬衣。因此，不同的光源下同一件物体具有不同的光色。一般而言，光源中包含越多的光谱色，光源的显色性越好，例如钠灯：低压钠灯辐射的光谱中，黄光部分窄而短，所以在此光照下物体呈现黄色和灰色；高压钠灯辐射的光谱中，黄光部分宽而多，显色性较好，但是光效较低。

112 娱乐场所对光源的显色性要求不高，而对色温的要求更多。

113 办公室对光源的显色性要求很高，一般选择专业荧光灯。

114 人工光源的显色指数分级。

7. 配光

（1）与配光相关的概念

配光：是指光源在空间各个方向的光强分布。

光中心：把某个有一定尺寸的光源当作点光源时，其中心位置称为光中心，如图 115。

灯轴：通过光中心的垂直线。

垂直角：灯轴的向下方向与所考察方向之间形成的夹角。

水平角：基准垂直面与所考察方向的垂直面之间形成的夹角。

（2）配光模式分类

以灯具的光源为中心，以上半部分和下半部分的光束比作为配光模式分类的依据。

⑮ 配光概念分解图。

⑯ 同一轨道灯的效果图和配光曲线图。

⑰ 研究灯具的配光曲线，可以利用软件直观地看到光在空间中的分布，帮助设计师控制空间中有效光线的分布和避免眩光。

⑱ 轴向对称的宽配光吊灯。

⑲ 非对称配光路灯。

8. 配光曲线

不同的灯具具有不同的配光曲线，了解配光曲线的特点，有助于设计者选择合适的灯具，控制空间中光线的分布形态。

（1）配光曲线的定义

灯具或光源在各个方向的发光强度在三维空间里用矢量表示出来，把矢量的终端连接起来，则构成一个封闭的光强体。当光强体被通过 z 轴线的平面截割时，在平面上获得封闭交线。把此交线以极坐标的形式绘制在平面图上，就是该灯具或光源的配光曲线，如图 116。

（2）配光曲线的分类

按照其对称性质分类：轴向对称、对称和非对称配光。

轴向对称：又被称为旋转对称，指各个方向上的配光曲线都是基本对称的，如图 118 灯具的配光曲线图所示。一般的筒灯、矿灯都是这样的配光。

对称配光：当灯具 C0° 和 C180° 剖面配光对称，同时 C90° 和 C270° 剖面配光对称时，这样的配光曲线称为对称配光。

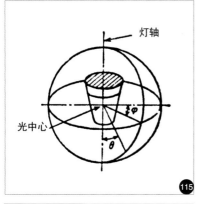

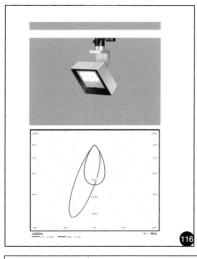

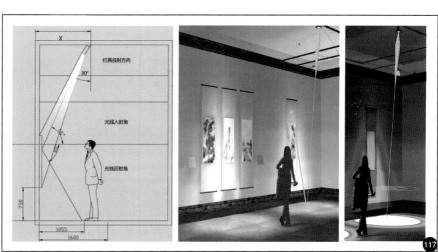

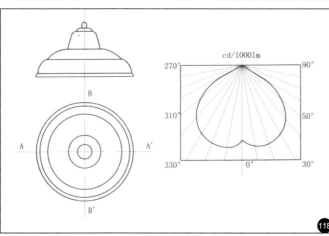

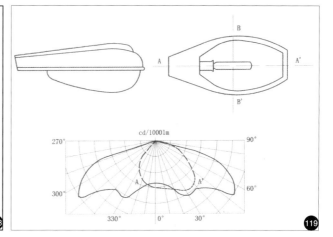

Chapter 1 概述

Chapter 2 照明设计基础

Chapter 3 照明设计基本原理与程序

Chapter 4 光效设计

Chapter 5 室内照明设计的应用

Chapter 6 室外照明设计的应用

非对称配光：就是指 C0°～180°和 C90°～270°任意一个剖面配光不对称的情况，如图 119，路灯的配光曲线图所示。

按照其光束角度分类：窄配光、中配光和宽配光。窄配光小于 20°，中配光在 20°～40°之间，宽配光大于 40°。

⑫ 常见的五种照明方式的配光比例。

配光曲线图例	光束比	照明效果
直接照明	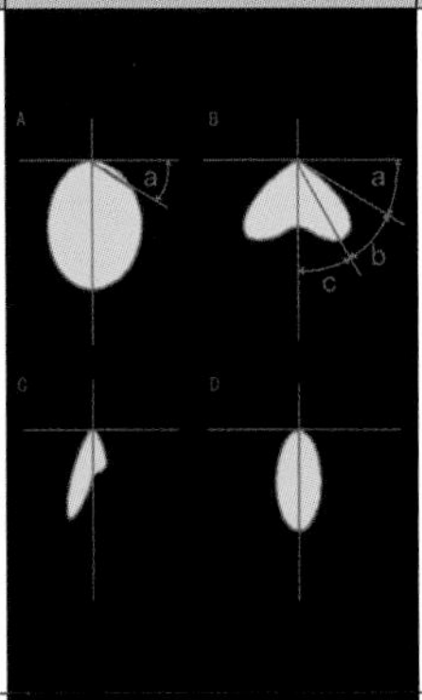 $\frac{0\%～10\%}{100\%～90\%}$	1．水平照度容易得到 2．顶棚表面显得发暗 3．用白炽灯和HID灯容易产生严重的阴影 4．因为A在直射炫光区a上有光，所以灯具显得发亮 5．B没有直射眩光，因为光在C区也受到了抑制，所以光幕反射眩光也可以减少 6．C是非对称配光，通过连续配光得到洗墙照明效果 7．虽然D的正下面照度变高了，但光幕反射眩光也容易产生
半直接照明	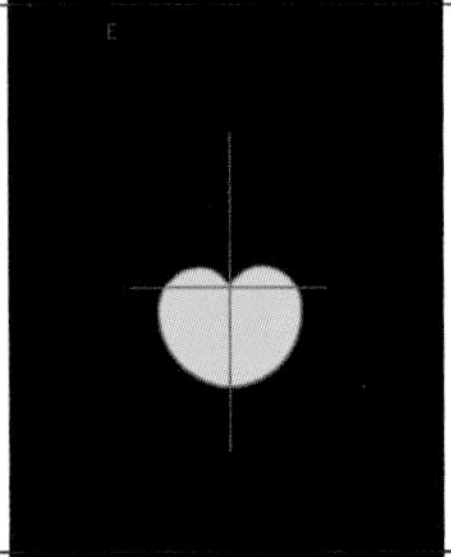 $\frac{10\%～40\%}{90\%～60\%}$	1．为了使顶棚和墙面稍微变亮一些，所以与直接式相比，产生的阴影就要稍微柔和一些 2．要注意灯具的亮度不要太大
间接照明	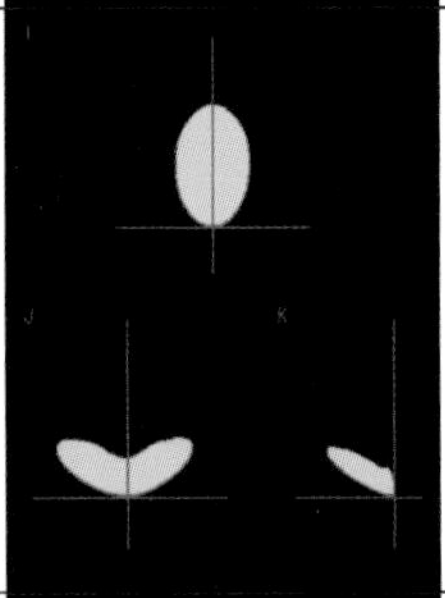 $\frac{90\%～100\%}{10\%～0\%}$	1．根据顶棚及墙面的反光率，照明效率将会有明显差别 2．物体的立体表现差 3．虽然顶棚变亮了，但另一方面灯具容易形成黑色轮廓影像 4．I容易在顶棚表面产生投光点 5．J、K是连续配灯，可以更加均匀地照亮顶棚表面。因此，低顶棚的宽大房间，会使人感到顶棚高度显得高
半间接照明	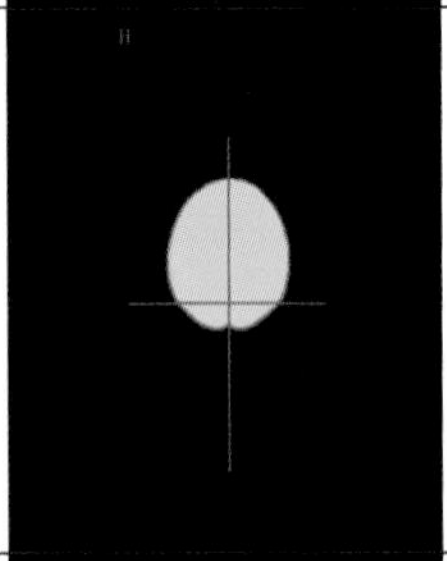 $\frac{60\%～90\%}{40\%～10\%}$	因为顶棚面和照明灯具都明亮，很难使空间有黑暗形象
漫射照明	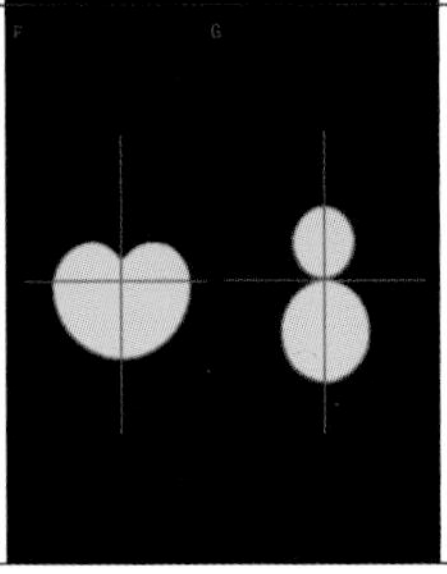 $\frac{40\%～60\%}{60\%～40\%}$	1．可以用乳白色球形灯罩或像灯笼那样的灯具 2．要注意灯具的亮度不要太大 3．不易产生眩光，对眼睛有好处

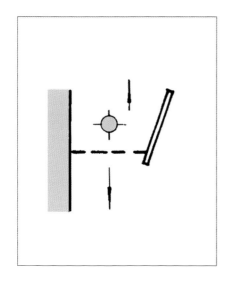

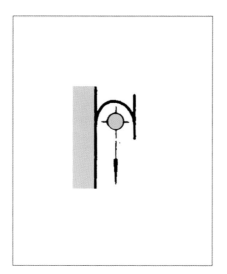

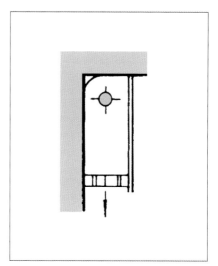

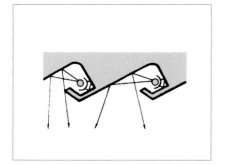

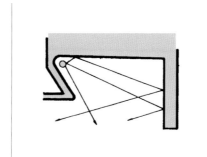

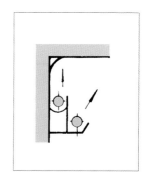

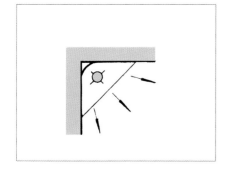

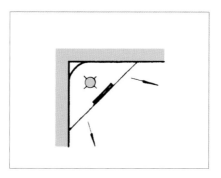

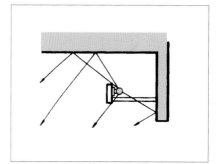

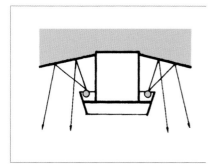

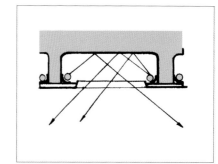

051

Chapter 1
概述

Chapter 2
照明设计基础

Chapter 3
照明设计基本原理与程序

Chapter 4
光效设计

Chapter 5
室内照明设计的应用

Chapter 6
室外照明设计的应用

🔍 **课堂思考**

----

1. 根据第四节照明方式所学内容，分析上页中每张图片使用了哪些照明方式。

2. 观察生活中的灯具类型，比较泛光灯、聚光灯和洗墙灯的照明效果有何不同。要求拍摄照片。

Chapter 3
照明设计基本原理与程序

通过本章的学习，充分理解自然光的价值和设计原理，掌握人工光的设计原理及程序。

重点了解人工光的各个阶段的特点和要求，包括方案设计阶段、施工图设计阶段、安装和监理阶段、维护和管理阶段。

一、自然光的价值

在许多的城市里，商场和写字楼存在一个共同的现象——不分昼夜，室内永远灯火通明。然而这种完全依赖人工光和空调通风的现代建筑，导致工作在其中的人们患上了一种现代建筑综合征。其症状表现为头痛、恶心、嗓子痛、哮喘发作等，如果人们长期感觉不到自然现象（如日光）的变化，建筑综合征的症状就会加剧。自然采光对人们的身体、心理和生活的意义重大，不容忽视。

121

1. 有利于人的心理健康

自然光照明的历史和建筑本身一样悠久，但随着方便高效的电灯出现，自然光似乎没有以前重要了。事实并非如此，以下几项研究充分说明自然光对人体和心理健康产生的影响。

研究之一：1971年，英国科学家奥德斯沃斯和布里德格斯通过对一个24小时运转的电力公司的员工的调查，发现长时间在一成不变的电灯照明下工作会导致感官灵敏度下降，从而降低生产力。

研究之二：1995年，美国加利福尼亚州首府萨克拉曼多的马洪工作室做了一项调查，在沃尔玛连锁仓储超市中，位于天窗下、靠自然光照明的收银台比其他位置多收入40%。

121 自然光以直射光和天空光两种状态分布在我们日常空间中。

研究之三：在1998年和2002年，马洪工作室又做了另一项调查，分别对两万名来自加利福尼亚州、科罗拉多州和马萨诸塞州的学生进行了调查，结果显示：在标准的统一考试中，约有26%的在日光照明的教室上课的学生，比在人工照明的教室上课的学生成绩好。

人工光可以满足人类的采光需要，但满足不了人们的心理需求，譬如清晨当你起床时，透过玻璃窗，感受阳光的温度，连心也跟着温暖起来。

科学家进一步解释：人工光主要由位于红色光区域的长波光线构成。但蓝色光控制着人们日出而作、日落而息的作息规律。研究显示，人体生物钟更喜欢位于蓝色光区域的短波光线，因为它们能够抑制天然荷尔蒙褪黑激素并刺激荷尔蒙，这种双重功效能够提高人的机敏度。所以自然光能弥补人工光中缺失的那部分功能。

千百年来，人类从未停止过对自身的研究，发展科技的目的也是给人类提供更适宜的生存环境。因此，在不同的科学研究领域，对人的心理因素的研究不容被忽视，在光环境研究领域也是如此。例如，在美国瑞瑟雷尔工艺研究所附属的照明研究中心，科学家从生态建筑学和人类学角度对光环境进行综合分析。中心主管马克·瑞说：他们将超越以往的单一学科、纯实验性质的研究，采取跨学科、跨专业研究的方式，以确定自然光线对人体生物机能的影响方式和原因。

重视自然光设计，就是对人类生存状态的尊重。正如拉伍兰德教授所说，"人们喜欢了解外面正在发生什么，哪怕仅仅只是看看天气如何或估计一下时间"。

因此，当我们知道人们在自然采光的房间生活工作会更健康、更有效率时，剩下要做的就是把这些原理应用于设计实践中。

2. 有利于节约能源

2009 年的全球金融海啸还未平息，人们从这场破坏力极强的海啸中反思出什么呢？我认为，人们应该反思一下自己一味追求物质享受、过度消耗地球自然资源的不理智行为。这里，我们不去谈论哪个国家的人充当物质的享受者，哪个国家的人扮演着救世者，而只为了同一个目的：如何才能在同一个地球上继续生存下去？

早在 20 世纪 70 年代末，许多的经济学家、科学家和环保主义者就建议：如果城市的建筑多减少些对人工照明的依赖，就能极大地降低对能源的需求和消

122 心理学家指出：在自然光充足的空间中，人们心情更愉悦，工作的效率更高。

123 居住空间中，人们更喜欢利用大面积的窗户获取更多的直射光，因为这样住起来更舒适。

Chapter 1 概述

Chapter 2 照明设计基础

Chapter 3 照明设计基本原理与程序

Chapter 4 光效设计

Chapter 5 室内照明设计的应用

Chapter 6 室外照明设计的应用

124

125

057

Chapter 1 概述

Chapter 2 照明设计基础

Chapter 3 照明设计基本原理与程序

Chapter 4 光效设计

Chapter 5 室内照明设计的应用

Chapter 6 室外照明设计的应用

耗，就会降低每个人的生存成本。只是这样的忠告，在当时还未引起政府和大众的关注。

现在，不用说，全球气候异常现象的频繁出现和金融海啸的剧烈程度，完全反映出能源问题已成为全球性的重大问题。每一个人都与此问题脱不了干系，因此每一个人都有义务关注自然光照明，实践绿色照明。

目前，在纽约，有许多建筑学家心甘情愿地在一个非营利性研究中心兼职，这个实验室致力于帮助他们在建筑中最大限度地利用自然光照明，目的是研究、宣扬和推广自然光照明。他们正在潜心研究自然光在建筑照明中的积极作用，并极力宣传日光在建筑照明中的妙处。相信在不久的将来，中国也会出现这样一批建筑师、照明设计研究者、室内设计师，潜心研究日光与人居空间之间的关系。通常情况下，自然光是没有形态的，但通过各种设计手法对自然光的形态与色彩进行塑造，将会给人们带来人工光无法比拟的源于自然的、清晰的、健康的与富有生气的体验过程。从视觉角度来看，自然光是一种让人感觉非常舒适的光源；从可持续发展的观点看来，充分运用自然光照明可以节省大量能源。

二、采光设计基本原理

早期人类生活与生产活动，以自然光与烛光照明为主，建筑内部的自然光强弱决定一个空间的使用效率，如果采光欠缺，白天室内的使用率就会很低。在过去很长一段时期，窗的设计成为控制建筑室内光线的重要媒介。目前，使用电能源照明已被人类发挥得淋漓尽致，正因为如此挥霍电光源，我们不得不面对能源危机，因此，窗的设计仍然不容忽视。

一个较为系统与完整的采光设计方案必须经过以下程序才能完成：首先要到现场实测照度，考察此空间的方位、窗户的大小与朝向、窗外的环境；在分析这些基本信息之后，提出初步采光方案，并利用计算机进行模拟，在借助模型预测之后，调整窗的位置与大小，并利用遮阳装置控制直射光；在此步骤之后，要将人工照明方案与采光设计方案配合，进入室内照明效果调整阶段，进行实测与调试，到此为止，采光设计程序才算完成。

分析各种建筑空间的采光设计方案，可总结为以下五种基本形式，几乎所有

124 无论在什么功能的空间中，自然光对人产生的积极作用都是无法被人工光取代的。

125 巧妙地引入自然光，不仅让人的感受舒适，还能减少白天电能的消耗，因此，我们没有理由不重视对自然光的研究。

126 五种建筑采光模型示意图。

坡形

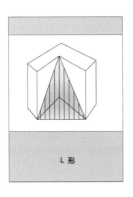

L形

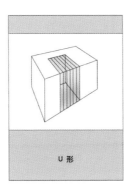

U形

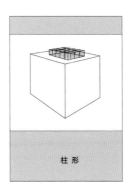

柱形

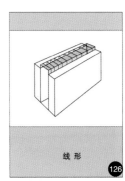

线形

126

的建筑空间都是由这几种采光形态结合而成。如图 126 所示：坡形、L 形、U 形、柱形、线形。这五种采光方案经过组合适用于不同功能的建筑。例如，在历史建筑改造项目——德国柏林的国会大厦中庭，覆盖了科技含量较高的屋顶系统，不仅为室内引入更多的自然光，还能将直射光带来的多余热量转换成电能。法国奥赛美术馆的设计运用线形采光形式，将旧火车站改造成美术馆，美术馆对自然采光的要求较高，将原有的封闭屋顶改造成全玻璃顶棚，既满足展览需求，又节约能源。图 127 是商业建筑采光设计的典型案例，运用线形基本采光形式，保证长廊两旁的每个商户都享受到自然光的照射。图 128、130 均运用坡形采光形式，引入直射光和天空光，以创造出宜人的过渡空间。

127 典型商业空间的采光方式。

128 变形后的坡形采光方式。

129 柱形采光方式的变形——倒金字塔形。

130 坡形采光使得顶层室内采光非常充足。

059

概述 Chapter 1

照明设计基础 Chapter 2

照明设计基本原理与程序 Chapter 3

光效设计 Chapter 4

室内照明设计的应用 Chapter 5

室外照明设计的应用 Chapter 6

三、人工照明基本原理

1. 人工照明设计的目的

人工照明的目的分为两种，一种为功能性照明，另一种为氛围性照明。

功能性照明的目的是照亮环境，帮助人们迅速地辨识环境的特点。

氛围性照明的目的是满足人们审美和情感需求，其衡量标准较为主观，因时代、文化、个体的要求不同而不同。

2. 功能性人工照明的设计要求

其一：提供足够的照度。

其二：避免任何形式的眩光。

其三：防止光污染，降低垃圾光对于人的生理和心理健康的损害。

其四：选择节能、高效、适中的光源。

其五：灯具外形设计需要与空间匹配，不能过于突兀。

3. 氛围性人工照明的设计要求

其一：营造舒适宜人的光环境，避免白光污染和彩光污染。

其二：满足人们审美层面的需求。

其三：创造有利于人际交往、消除紧张情绪的光环境，重视光线对人的心理产生的积极影响。

131 人工光源的色温设计源于对自然光色温的模拟。

132 照亮进餐桌面为功能性照明。

133 桌面周围背景照明为氛围性照明。

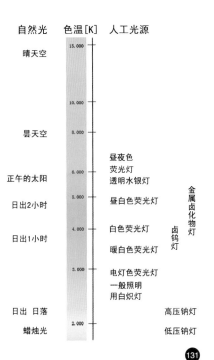

131

132

133

四、人工照明设计流程

一般而言，人工照明设计项目必经四个阶段：方案设计阶段、施工图设计阶段、安装和监理阶段、维护和管理阶段，并且，这四个阶段的先后顺序不可颠倒。但是由于照明工程要与建筑或室内工程施工配合，因在实际工程中若干小环节之间会重复，因此，在设计方案阶段，将各个环节的设计工作做得越好，整个工程进展得就越顺利。

1. 方案设计阶段

在方案设计阶段，设计者通过以下三种途径推进设计工作。

途径一：绘制概念设计草图，包括建筑立面草图、剖立面草图、彩色空间草图等形式，通过这样的方式，帮助设计确定照明方式、光线的分布形式、灯具与

134 方案设计阶段的设计步骤、内容和表达途径。

135 学生作业，利用 DIALux 照明设计软件，对空间的人工光现状进行模拟，更为直观地分析光环境中存在的问题。

136 学生作业，从手绘草图到光环境分布，再到效果图模拟。

137 学生作业，使用 DIALux 照明设计软件对一个羽毛球场地的人工光现状调研和分析结果。

	设计步骤	内容	参考途径
	1 考察空间	明确空间的性质和使用目的	现场拍摄或模型模拟
	2 照明方式	确定照明方式和光在空间中分布形式	手绘草图
第一阶段： 照明方案设计	3 选择光源	1. 确定照度 2. 确定光色效果	手绘草图或计算机模拟
	4 选择灯具	1. 专门设计艺术型灯具 2. 选择通用型灯具	市场调查
	5 照度计算	平均照度计算和直射照度计算	手动或照明设计软件 **134**

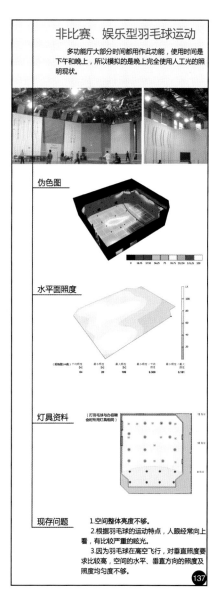

空间之间的关系。

途径二：制作等比例缩小的空间模型，通常用来考察建筑空间的自然采光特点。

途径三：利用照明设计软件模拟照明效果。鉴于利用绘画的方式表现光有一定的局限性，设计者可以借助计算机将想象中的照明效果表现出来，而且可以精确计算出光源的亮度、数量和位置。目前，国际上常用的照明设计软件包括 AGI 32、DIALux、Light Star、Lumen Micro、Autolux、Inspire 等。

138 学生作业，利用 DIALux 照明设计软件，在对空间的人工光现状进行模拟和分析之后，提出解决方案，并且通过计算，得出以下合理的照度分布图，直观地显示了新的照明方案的结果，即光线在空间中的分布情况。

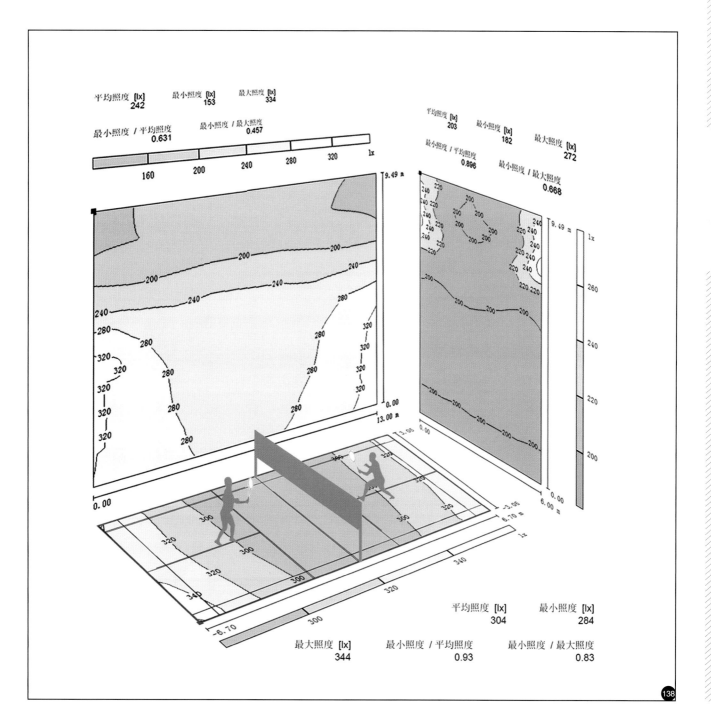

Chapter 1 概述

Chapter 2 照明设计基础

Chapter 3 照明设计基本原理与程序

Chapter 4 光效设计

Chapter 5 室内照明设计的应用

Chapter 6 室外照明设计的应用

注意事项：

第一：因为不同类型的空间对照度的要求不同，如果在考察空间阶段对空间的规模和功能性质了如指掌，后面就能事半功倍，例如：办公区的照度范围是100lx~200lx，而工作台的照度要求更高，在150lx~300lx之间。

第二：考察建筑或空间的硬件环境，例如窗户的位置、电箱的位置、最大用电瓦数、吊顶的高度等客观条件。

第三：协调自然采光与人工光的关系，例如室内白天自然采光不够，需要补充人工光。在开始进行人工照明设计时，设计者已经完成关于自然光的设计方案，从舒适角度和节能角度，设计应重视对建筑空间中自然光的利用。

第四：考虑背景亮度和被照物体亮度之比。

第五：考虑所选灯具的热辐射对周围物体的影响和室温影响。

第六：在考虑照明方式时，应选择合适的方法防止眩光的产生。

第七：平均照度计算和直射照度计算。

139 **140** 接上一页学生作业：继续研究新的照明方案的垂直照度和眩光问题，按照国际照明学会提出的标准，从不同的角度论证新的照明方案的可行性。

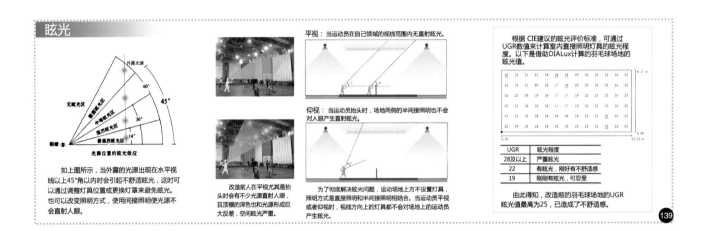

眩光

如上图所示，当外露的光源出现在水平视线以上45°角以内时会引起不舒适眩光，这时可以通过调整灯具位置或更换灯罩来避免眩光。也可以改变照明方式，使用间接照明使光源不会直射人眼。

平视：当运动员在自己领域的视线范围内无直射眩光。

改造前人在平视尤其是抬头时会有不少光源直射人眼，且顶棚的深色也和光源形成巨大反差，空间眩光严重。

仰视：当运动员抬起头时，场地两侧的半间接照明也不会对人眼产生直射眩光。

为了彻底解决眩光问题，运动场地上方不设置灯具，照明方式是直接照明和半间接照明相结合。当运动员平视或者仰视时，视线方向上的灯具都不会对场地上的运动员产生眩光。

根据CIE建议的眩光评价标准，可通过UGR数值来计算室内直接照明灯具的眩光程度。以下是借助DIALux计算的羽毛球场地的眩光值。

UGR	眩光程度
28及以上	严重眩光
22	有眩光，刚刚有不舒适感
19	刚刚有眩光，可忍受

由此得知，改造前的羽毛球场地的UGR眩光值最高为25，已造成了不舒适感。

139

照度

非比赛、娱乐型羽毛球室内场地照度标准

（如上图所示：测试的是距离地面1m高的水平面照度）

整个室内平均水平照度	250lux
运动场地的平均水平照度	300lux

现状模拟后发现并未达标，分别是64lux和86lux。

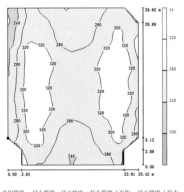

平均照度 [lx]	最小照度 [lx]	最大照度 [lx]	最小照度 / 平均照度	最小照度 / 最大照度
301	194	371	0.643	0.523

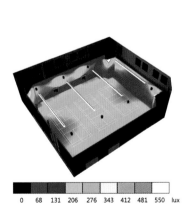

0	68	131	206	276	343	412	481	550 lux

整体空间伪色图

140

063

Chapter 1 概述

Chapter 2 照明设计基础

Chapter 3 照明设计基本原理与程序

Chapter 4 光效设计

Chapter 5 室内照明设计的应用

Chapter 6 室外照明设计的应用

2. 施工图设计阶段

注意事项：

第一：在绘制灯位图时，应尽可能在图纸上标出灯具的特性、控制线路和开关方式等，如图 143、144 所示。

第二：在确定灯具的位置时，应注意灯具与建筑墙体保持一定距离，并注意与吊顶中其他水暖电通设备的关系。

第三：在制定灯具采购表时，要注明灯具的名称、图纸的编号、灯具的类型、功率、数量、型号、生产厂家等信息，因为这个表格除了便于采购灯具，更重要的是方便将来维修与管理。

(141) 施工图阶段的设计步骤和主要内容。

(142) 灯具清单。

(143) (144) 照明施工图至少要包括灯位图和灯具符号注释表两个部分。

(145) 照明调光示意图，区分颜色和明暗度，帮助设计师和施工人员更直观地了解光效。

	设计步骤	内容
第二阶段：施工图设计	1 确定光源的位置	绘制灯位图
	2 确定灯具	列出灯具采购表
	3 确定配电系统	确定电压
		确定配电盘分布
		确定电线种类
		确定布线网络和铺设方法 **(141)**

序号	品种	数量	单位	单价	合计	备注
1	牛眼射灯	5	套			50w
2	荧光灯管	10	套			25w
3	LED灯带	20	套			8.8w
4	LED灯调光控制台	1	套			
5	节能吸顶灯	4	套			25w
6	回路控制箱	1	套			4回路
7	线缆	300	米			多种线径
8	电器辅料	1	项			**(142)**

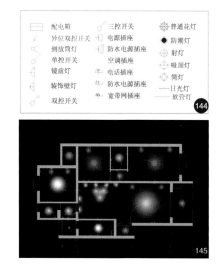

145

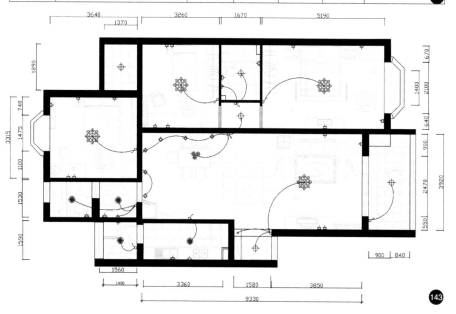

143

3. 安装与调光阶段

注意事项：

第一：在绘制灯具安装详图时，以 1:5 或 1:10 的比例进行绘制，在图纸上标明所需要的光学控制技术、形状、尺寸和材料等信息，如果灯具与建筑发生关系，一定要在图纸上准确地反映。

第二：在绘制调光指示图之前，设计师和灯具安装人员应进行有效的沟通。调光指示图非常有必要，这张图有利于设计师时常从整体上协调不同区域之间的照度关系。

第三：请灯具安装人员一定要按照设计师的图纸与灯具清单来进行，如果有问题，可以在图纸上做标记，待设计师来修订。

第四：为确保最终的照明效果达到设计师所预想，设计师应在现场指挥调光。

第五：当设计师要改变照明图纸时，应该提前与电气工程师、建筑师以及现场监督施工的工程师进行商讨，以保证自己的照明设计构思能够变为现实。

4. 维护与管理阶段

注意事项：

第一：制定维护计划是非常有必要的，因为一些通用型灯具的使用寿命可能因维护不当而减少，造成了资源浪费。

第二：在高大空间中的灯具维护起来需要特殊的升降设备，灯具维护人员不仅要清理好灯具，还要学习操作这些升降设备。

第三：应制作一份维护和管理的费用清单。

五、光环境的计算机模拟技术

优秀的照明设计不仅仅是靠设计者的直觉和经验，还需要科学而精确的计算。

随着现代科技的发展，我们可以采用的技术也越来越多，其中，电脑照明模拟软件技术的发展，为自然光和人工光设计提供了重要的技术手段和参考数据。

国外已经有很多成熟的专业照明计算软件，例如 AGI 32、DIALux、Light

第三阶段：安装和监理	设计步骤	内容
	1 确定灯具安装方法	绘制灯具安装详图，包括安装的形式、材料和结构
	2 确定现场管理办法	绘制调光指示图 **146**

第四阶段：维护和管理	设计步骤	内容
	1 整理照明产品资料	包括灯具、线路、开关和配电箱的详细资料
	2 确定灯具维护办法	明确管理人员的任务和责任
	3 安全问题说明	制定防火、防水、防触电等安全措施
	4 经济问题说明	核定维护的固定费用、用于清洁和更换的费用 **147**

146 安装和监理阶段的步骤和主要内容。

147 维护和管理阶段的步骤和主要内容。

065

Chapter 1 概述

Chapter 2 照明设计基础

Chapter 3 照明设计基本原理与程序

Chapter 4 光效设计

Chapter 5 室内照明设计的应用

Chapter 6 室外照明设计的应用

Star、Lumen 、Micro、Autolux、Inspire 等。这些专业软件具有明显的优点：计算结果准确及可以引入各个灯具厂家的数据。但是，有些软件也存在一些缺点：界面使用不方便，灯具数据引入路径比较复杂，或者输出结果不够直观等。例如 AGI 只有英文版，国内的部分设计师学起来比较困难。

在这些软件中，DIALux 软件易于学习和操作，对已会使用 AutoCAD 的人而言，学习 DIALux 很容易。

DIALux 软件是由 Gmbh 这样的专业照明软件设计公司开发，它提供了整体照明系统数据，减少设计师及工程师分析照明数据的问题。DIALux 可精确计算出所需的照度，并提供完整的书面报表及 3D 模拟图。善用软件的分析数据与模拟功能，可大幅提升照明设计者的工作效率与准确度。

在 DIALux 软件模拟中，由于使用了精确的光度数据库和先进、专业的算法，DIALux 所产生的计算结果将会十分接近今后真正使用这个灯具所形成的效果。这样，设计师可以在电脑中对自己的设计进行事前的"预演"，以此来评估设计的准确度，增强设计师对设计方案的理性认识和对效果量化数据的直接认识。

DIALux 不仅仅提供枯燥的数据结果，还能够提供照明模拟图片。

当然没有软件是万能的，DIALux同样也是。DIALux的模型导入需要实体模，相比之下AGI 32不要实体模也能运转。此外，AGI 32具有独特的日光研究功能（这是其他任何软件没有的特别功能），可以研究照明在不同日光照射（晴天、阴天、半晴半阴天）条件下对照明的各种详细影响，而且会在动态和实时渲染时显示变化。但凡有实际项目经验的设计师都有过同样的体验：在晴天时，灯具的照度和亮度都很合适，可一到阴天，光线的亮度明显不足，如果使用AGI 32的日光研究参数，设计者就可以计算和模拟在不同天气条件下的照度和亮度的效果，从而提出最理想的照明方案，因此，AGI 32软件更适合建筑和景观照明使用。

148 导入 AutoCAD 平面图到 DIALux 软件中。

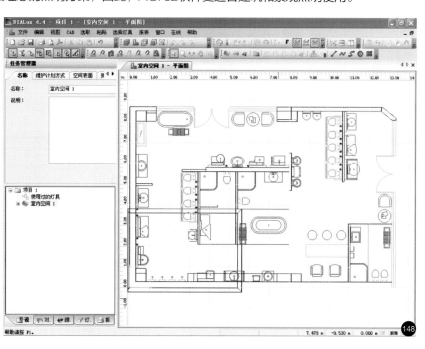

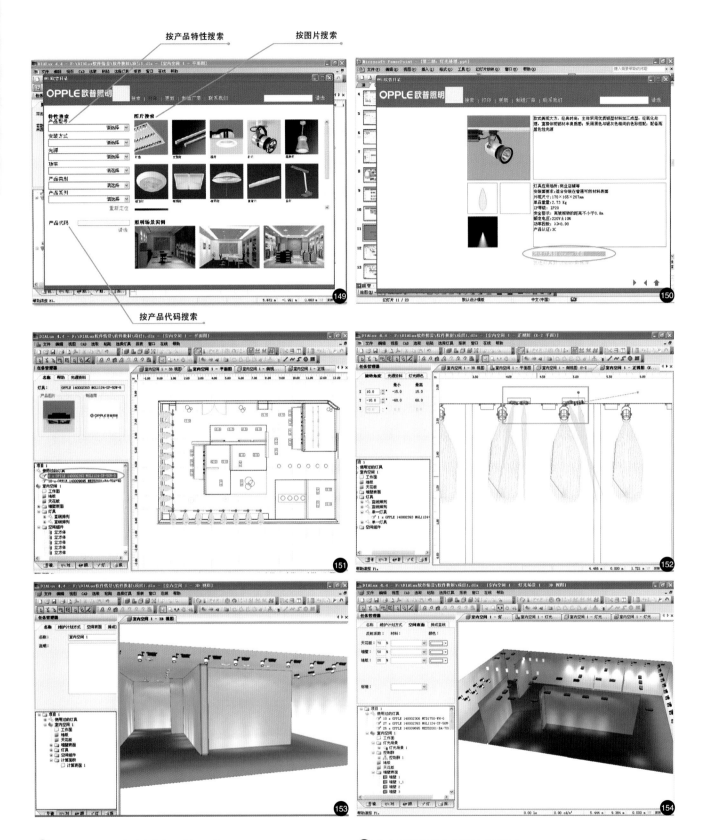

149 安装与 DIALux 软件合作的品牌灯具产品目录。

150 选择合适的品牌灯具，并查看该灯具的性能参数。

151 在平面图中布置所选灯具。

152 从立面视图看灯具的配光曲线状态。

153 灯具效果图，使用 DIALux 软件渲染命令。

154 从鸟瞰视图查看渲染效果。

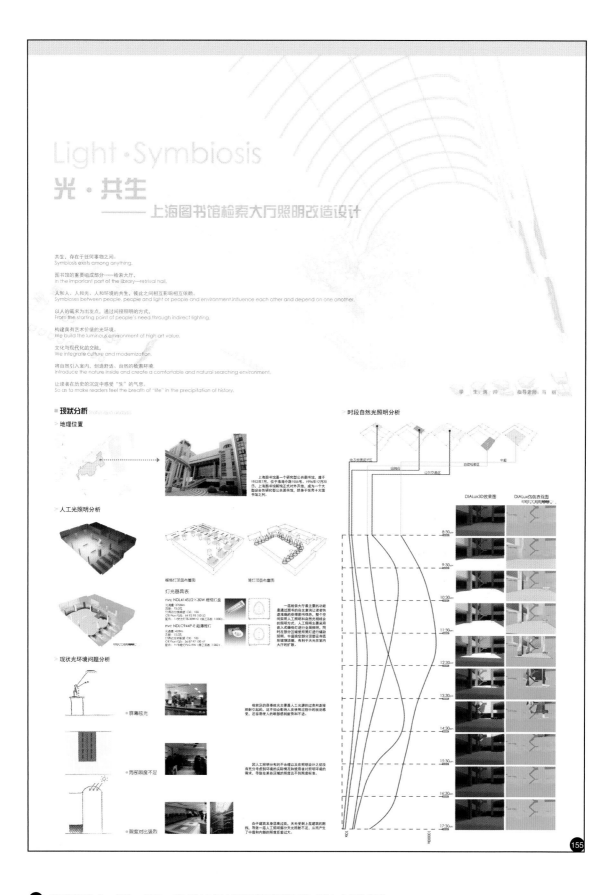

067

Chapter 1 概述

Chapter 2 照明设计基础

Chapter 3 照明设计基本原理与程序

Chapter 4 光效设计

Chapter 5 室内照明设计的应用

Chapter 6 室外照明设计的应用

155 优秀课程作业，学生：蒋帅，获 2012 年中国环境设计学年奖"光与空间"银奖。

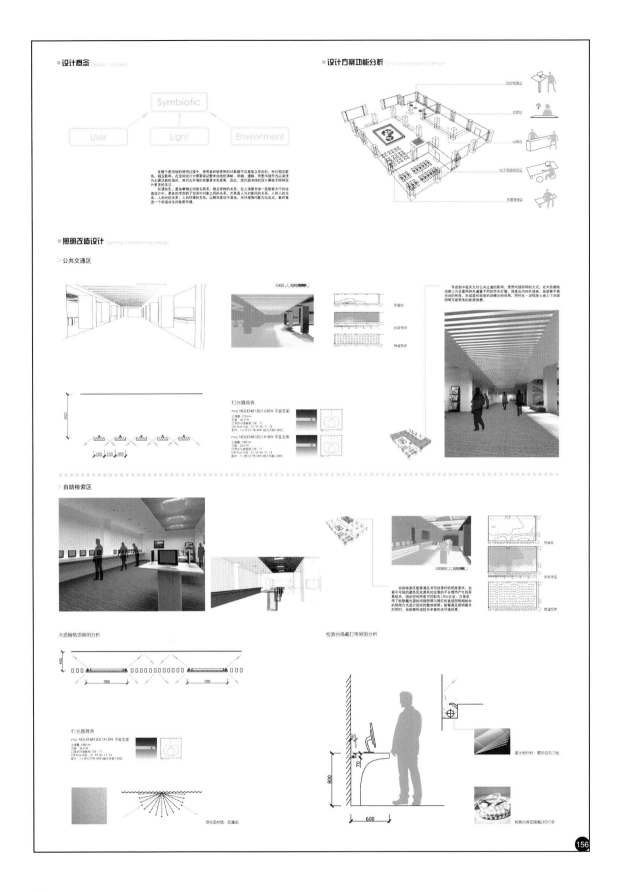

069

Chapter 1
概述

Chapter 2
照明设计基础

Chapter 3
照明设计基本原理与程序

Chapter 4
光效设计

Chapter 5
室内照明设计的应用

Chapter 6
室外照明设计的应用

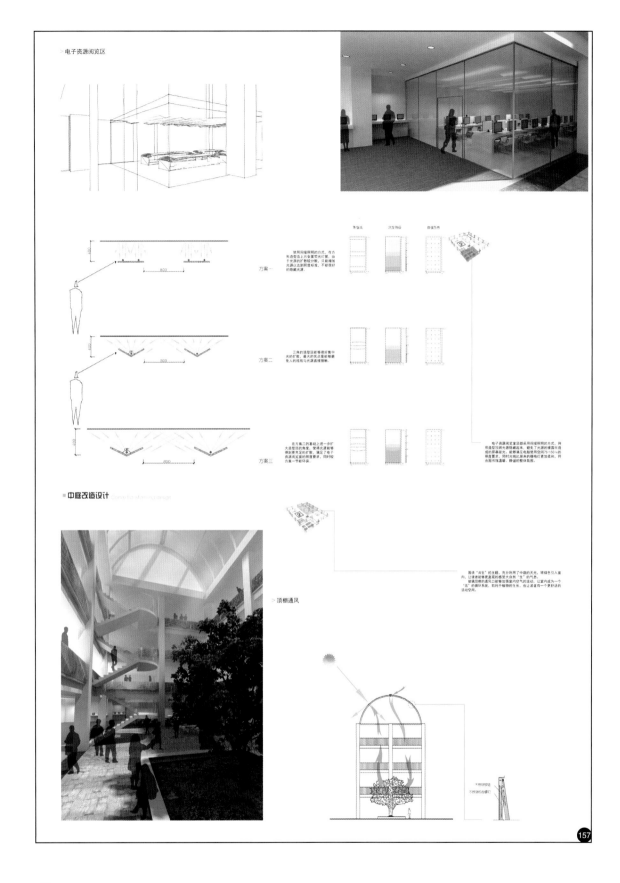

> 电子资源阅览区

■ 中庭改造设计

> 顶棚通风

157

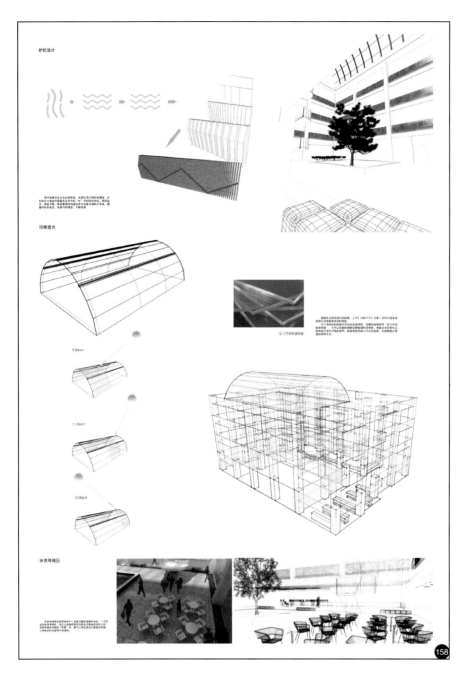

158 优秀课程作业，学生：蒋帅，获 2012 年中国环境设计学年奖"光与空间"银奖。

课堂思考

1. 描述人工照明设计各个阶段的注意事项。

2. 通过学习软件教程，掌握 DIALux 专业计算机模拟软件的操作方法，并灵活运用该方法设计照明方案。

Chapter 4
光效设计

⌕ 学习目标

通过本章的学习，了解光与形态、色彩、影、立体感等艺术效果之间的关系，并学习控制光效的诸多方法。

⌕ 学习重点

通过本章的学习，充分了解光效设计的意义，并掌握六种不同光效设计的基本特点和方法，并将这些方法应用于今后的设计中。

一、光与形

长久以来，光常常被作为没有形态的设计元素对待，站在室内设计的角度，我们过多地关注存在于建筑体内的空间，却忽视了"光"其实一直都为我们塑造着"无形空间"，即便没有墙体，我们依然被笼罩在光的照射空间之下。光先于建筑存在，只是它千变万化的形态弱化了我们对它的感知存在。而今随着照明技术的发展，以及设计师不断创新实践，人们利用灯具、间接照明系统和发光体等媒介，人为地塑造着光的形态。目前，光作为有形态、有体积的设计元素，广泛地运用在建筑设计、室内设计、展示设计等类型的设计中，并受到业界越来越多的关注与重视。

光是无形的，光的形态若想在人类的视觉空间内得以呈现，必须借助一定的媒介物，即我们所说的"载体"。因此，设计过程中，对光的形态塑造，更多是借助载体的存在从而达到目的，我们可以通过以下几种方式对光的形态进行改变与塑造。

1. 通过界面的形态塑造光的形态

如图 159 所示，自然光通过天花的圆洞被引入室内，特别是映在墙面上的圆形光斑，一天中，光斑随着日光变换位置，整个空间因这些光斑而更有活力。又如图 160 所示，餐厅以墙面漫反射照明为主，因此整个空间光线较暗，在这样的氛围中特别适合通过塑造界面的形态，塑造光的形态。

159 利用顶棚的圆形镂空，在墙面上映射出有特定形态的光斑。

2. 灯具塑造光的形态

图 161 中，通过光纤的传导，光以点与线的形态存在。又如图 162，光纤被排列成曲线图案。比较这两张照片，可以看到灯具的形态能够改变空间的氛围。

3. 发光体塑造光的形态

通过发光体的造型塑造或具有独特魅力的光的形态来加强发光体造型的表现力和艺术性。如图 163，光透过这种半透明材料后塑造出体积感。

160 近景墙面上的餐具镂刻图案借助光线更加醒目。

161 162 光纤可以组合成任何的形状。

163 光通过半透光的材料塑造光的形态。

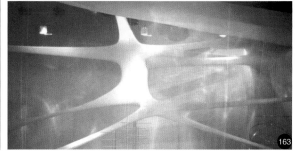

073

Chapter 1 概述

Chapter 2 照明设计基础

Chapter 3 照明设计基本原理与程序

Chapter 4 光效设计

Chapter 5 室内照明设计的应用

Chapter 6 室外照明设计的应用

二、光与色彩

　　进行光的色彩设计时，应考虑色彩对人的情绪影响，切合环境的功能与人们的审美需求。

　　在车展上，为让这样巨大的空间产生截然不同的光效，设计师采用LED光源，缓慢地变换色彩，从而达到转换空间氛围的目的，如图164、165、166所示，白色光效给人的感觉比较冷静，橘色光效给人的感觉是温暖，而红色光效则让空间的氛围更加热烈。

　　如果光照环境下物体的显现色不能达到预期设计效果，应调整光源色与物体固有色之间的关系，如图167，各种色彩的光照射在物体以及家具上，几乎无法辨认物体与家具的固有色。我们在设计中，应控制光线对物体固有色的影响，视具体情况而定：如果在娱乐空间中，辨认物体的固有色问题不大，但是在较为正式的场合或者展览空间，要尽可能减少有色光对环境物体固有色的影响。

　　塑造光的颜色有三种途径：

　　第一种是直接应用彩色光源，如霓虹灯、LED等，如图169。

　　第二种是在灯具上添加变色滤镜，使得光源发出的光变成彩色，如图168。

　　第三种是用彩色透明或半透明材料制作的发光体，如图170、171所示，其展示空间由半透明薄膜制作成不规则形，里面安装灯具，通过颜色划分不同功能的展示区。

　　在一个照明设计项目中，可以综合使用这三种方式，制造出多层次的彩色光效。

164 165 166 同一个空间，通过调光器控制LED的色温变化，形成不同的照明氛围。

Chapter 1
概述

Chapter 2
照明设计基础

Chapter 3
照明设计基本原理与程序

Chapter 4
光效设计

Chapter 5
室内照明设计的应用

Chapter 6
室外照明设计的应用

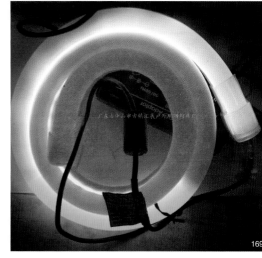

167 光的颜色可以干扰我们对室内物体固有色的判断。

168 安装不同颜色的滤镜，空间中悬挂的白板出现了不同的颜色。

169 彩色柔性灯带。

170 171 利用不同颜色的光来区分展区。

三、光与影

　　有光必有影，光与影都具有丰富的艺术表现力。光的形态和亮度、照射的角度、物体的透明度、投影面的质感等因素都会影响影子的形态。集中光产生的投影轮廓清晰，漫射光产生的投影轮廓柔和；物体受光面与背光面的明暗比值越大，投影的密度越大，与环境亮度的反差也越大；小角度照射产生的投影紧缩成一团，大角度照射产生的投影被拉得纤长；落在光滑投影面上的影子形态清晰，落在粗糙投影面上的影子形态模糊；不透明物体产生的影子比较实在，半透明物体产生的影子则有点虚。根据视觉的工作原理，视觉关注的程度应取决于影子同环境亮度的明暗比值和影子形态的复杂程度，明暗比值越大，形态越精致，越受关注。

　　可以采取以下几种方式来塑造光影。

172 阿拉伯石油王国的国家博物馆，充分体现了光影的魅力。

172

1. 改变灯具的照明方式

　　聚光灯下物体的投影轮廓清晰、密度大，易于表现厚重的质感，给人的感觉较为严肃和凝重。如图 173 所示，聚光灯下展台的投影颜色很深，展台的受光面和背光面的明暗反差大；如图 174，使用聚光灯的同时，可以加入泛光照明，由于光线从不同的角度射向物体，投影的密度较小，展品的各个细节清晰可见，给人的感觉更为轻盈和通透。

　　所以，当我们表现分量重和体积感强的物体时，建议使用聚光灯，厚重的投影可以更好地烘托物体的质地和体积；而在表现质地坚硬和细节较多的物体时，建议增加聚光灯色数量，如图 175，由于吊顶上安装了多个聚光灯，类似于手术台上的无影灯，几乎消除了店内家具的投影。使用泛光灯或多个聚光灯的目的是减少物体投影的面积、降低投影的密度，使得物体更显通透，看到物体更多的细节。如图 176，使用泛光照明，使得整个走廊照明十分均匀，减少投影增加光洁感。

173 展厅中使用聚光灯，更容易控制光线的分布范围。

174 周围的漫反射光线可以弱化展品阴影的沉重感。

175 多个泛光灯，形成全方位的漫射光，使得卖场中的影子几乎消除。

176 漫反射灯具可以有效地减少空间中的阴影，塑造出光洁的空间形象。

077

Chapter 1 概述

Chapter 2 照明设计基础

Chapter 3 照明设计基本原理与程序

Chapter 4 光效设计

Chapter 5 室内照明设计的应用

Chapter 6 室外照明设计的应用

2. 改变照射角度

大角度照射产生的投影被拉得纤长，其面积远远超过了物体本身，引导人们关注影的形态，使得影的形态成为空间中的主角，如图 177，隔板上镂空雕刻着精美的图案，经过射灯的照射，在一片漆黑中，投到桌面上的光斑仿佛是黑暗中的精灵，翩翩起舞。而小角度照射产生的投影紧缩成一团，使人的目光集中于物体上，如图 178，射灯位于酒吧桌面正上方，而且距离很近，所以圆形桌面非常亮，其投影则呈现为正圆形。

3. 改变物体或投影面的质地

设计师在掌握以上表现影的方式之后，应根据空间的特点和物体的特点，选择合适的表现方式。

我们可以利用光来表现影的神秘，利用影来凸现光的灵动，两者相辅相成。如图 179、180 所示，大量的小木棍交错连接成一片墙壁，木棍的肌理与投影的肌理交相呼应，形成一种特殊的视觉效果，令人印象深刻。

不透明物体产生的影实在，半透明物体产生的影轻飘，如图 181，光源后面的红色亚克力板是半透明的状态，因此，墙面上的投影也是半透明状。如果你要表现边缘清晰的影，但影的颜色又不能太深，可以选择半透明质地的材料。

177 要塑造带复杂图案的影子，一定要使用射灯，并且要从一个角度射向复杂的图案。

178 射灯与物体之间的夹角越小，影子越长和虚；夹角越大，影子越短和实。

179 180 改变投影面的质地，会影响墙面上影子颜色的深浅变化。

181 投影面的材质为半透明，所以投在墙面的影子比较虚。

182 利用洗墙光来表现墙面材质的粗糙质感。

177

178

079

Chapter 1
概述

Chapter 2
照明设计基础

Chapter 3
照明设计基本原理与程序

Chapter 4
光效设计

Chapter 5
室内照明设计的应用

Chapter 6
室外照明设计的应用

四、光与材料

控制光的质感，首要考虑物体构成材料的反射系数。不同材料的质感不同，而视觉对材料质感的辨认主要通过材料表面的纹理，因此表现质感的第一步是思考如何呈现材料的纹理。

光的照射角度决定着物体表面纹理的效果，例如：在表现完全无光泽的物体时，可用漫反射光线以垂直于物体表面的角度进行照射；在表现表面粗糙的材料时，用洗墙灯类型的照明以几乎与被照面平行的小角度掠射，可有效地表现材料表面的凹凸起伏，如图 182。

表现质感的第二步是思考如何恰如其分地表现材料的光泽。首先不能产生眩光，因为眩光直接影响人们的观看，图 183 中，玻璃墙面上产生了过多的反射眩光，虽然玻璃材质很现代，但是眩光会引起视觉疲劳。相比而言，在图 184 中，采用 LED 灯带形成洗墙光，使布面成为发着微光的墙面，视觉上非常轻柔，眼睛可以很放松地去寻找展品。建议大家参考表 185，表中列举出常用材料的反射系数，可以帮助大家选择合适的光源和照明方式。

183

184

材料	反射比 (%)
铝（拉毛表面）	55～58
铝（蚀刻表面）	70～58
铝（抛光表面）	60～70
不锈钢	50～60
锡	67～72
砖（红色）	35～40
水泥（灰色）	20～30
花岗石	20～25
大理石（抛光）	30～70
石膏（白色）	90～92
砂岩	20～40
赤陶土（白色）	65～80
搪瓷（白色）	60～83
雪	60～75
草地	5～30
彩色玻璃	5～10
透明玻璃	5～10
反射玻璃	20～30
桦木	35～50
橡木（深色）	10～15
橡木（浅色）	25～35
胡桃木	5～10
油漆（灰）	35～43
油漆（红）	15～22
油漆（蓝）	28～35
油漆（绿）	36～46
油漆（黄）	56～65
油漆（黑）	3～5
牛皮纸	25～35
黑纸	5～10

185

081

Chapter 1 概述

Chapter 2 照明设计基础

Chapter 3 照明设计基本原理与程序

Chapter 4 光效设计

Chapter 5 室内照明设计的应用

Chapter 6 室外照明设计的应用

光的质感常常受到材料的质地、光泽度、反射系数、光线的投射角度等多方面因素的影响。图 186 中，绒面沙发椅、棉桌布、砖墙和玻璃餐具等不同类型的材料共处一室，设计师选择适合材料反光特点的光源和照明方式，使得整个空间中既没有眩光，又能表现材料的不同质感，创造出高质量的光环境。同样是不锈钢材质，图 188 中，墙面为抛光不锈钢，图 189 中，门框为拉毛不锈钢；前者的反射比要高于后者，即便使用的是灯带照明，仍旧产生了不舒适的反射眩光，后者处于直射灯下，也没有产生反射眩光。如图 190 中，墙面由玻璃块组成，光由内而发，将玻璃晶莹剔透的质感表现得淋漓尽致。

因此，设计师应注重协调材料的质地、光泽度、反射系数、投光角度等因素之间的关系，才能创造出舒适的光环境。

183 利用直射光产生的反射眩光来表现材质的光洁感。

184 柔性的材料适合洗墙灯或灯带，而不适合射灯。

185 不同材料的反射比。

186 分别考虑空间中的不同材质适合什么类型的照明方式。

186

187 190 冰块或者玻璃等透光率高的材料，更
适合漫反射照明方式。

188 189 抛光和拉毛不锈钢材料适合不同的照
明方式。

083

Chapter 1
概述

Chapter 2
照明设计基础

Chapter 3
照明设计基本原理与程序

Chapter 4
光效设计

Chapter 5
室内照明设计的应用

Chapter 6
室外照明设计的应用

五、动态光效

视觉体验是一个动态的过程，人们在一个多维度空间中，随物体或影像的运动而不断更新对环境的整体认知。研究结果表明，视觉对物体剧烈运动的敏感性超过亮度本身，动态的光不仅有利于保持视觉的敏感性，也更容易吸引眼球。换言之，在三维空间中，动态的光比静止的光更容易吸引人们的视线。当人们处在一个动态的光环境中，视觉感知系统更为活跃，处在辨别、判断的状态中，体验新的维度——时间所带来的独特体验。

设计者可以按照以下三种方式制造动态光效：

一是灯具的运动造成光的运动，如舞台上的摇头灯、摇摆的激光光束，参考图 193。

二是光源的改变造成光的运动，如街头闪烁的霓虹灯。

三是在电脑程序的控制下，投影屏、触摸屏、显示屏的发光表面展现动态的图像。目前使用得最为普遍的是第三种方式，大量的室内外空间都在使用投影或 LED 屏来表现动态的影像，从而形成动感十足的光效，如图 191、192、193、194、195、196、197 所示，时尚酒吧设计打破传统的设计手段，动态光效设计元素再次发挥到极致，所有的发光界面都是通过动态的图像构成，富有极强的视觉冲击力，每个参与者都能感受到这个空间的激情与活力。

此外，观众与触摸屏互动，也能产生更为令人兴奋的动态光效，如图 198、199、200、201。在这些空间中，主要的光照不是由灯具所承担，而是由发出动态图像的投影屏或显示屏承担，动态的光结合着动态的声音与画面，观众的视觉、听觉等感知细胞一起被调动起来，身临其境。

191 192 大型 LED 屏幕容易制造出壮观的动态光效。

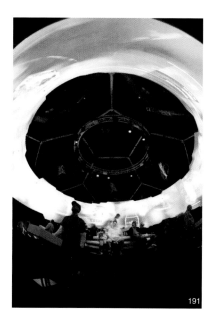

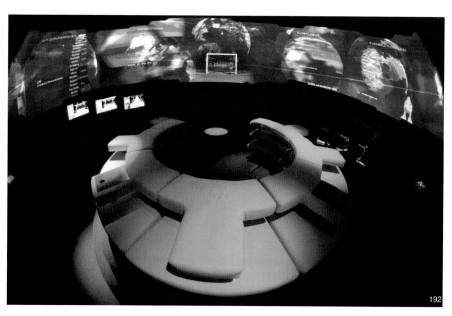

193 194 多个 LED 屏和投影机结合，可以制造出不同层次的动态光效，低的屏幕适合近距离观看，大的投影或高的屏幕适合远距离观看。

195 196 197 利用从天到地的 LED 屏设计室内隔断，混淆了人们对空间的认知。

198 199 200 201 观众与 LED 触摸屏互动产生动态光效。

六、光与立体感

光是物体具有立体感的必要条件。

立体感本来是雕塑家用来描述其作品特性的一个词汇，在照明领域谈论立体感时，用于探讨物体在光的照射下产生的立体效果。素描基础课上我们画静物时，受光面、背光面以及投影的关系（如图202中的贝壳）决定着物体是否具有立体感与空间感；同理，光效设计中，手中的铅笔转化成光，我们利用光来塑造物体的立体感，基本原则未变，只是使用手段改变。

在光环境设计中，设计师不论是利用光来增加物体的立体感还是削弱物体的

202 摄影师在拍摄照片时，应充分考虑光线对物体的轮廓、体积感和质感产生的影响。

085

Chapter 1 概述

Chapter 2 照明设计基础

Chapter 3 照明设计基本原理与程序

Chapter 4 光效设计

Chapter 5 室内照明设计的应用

Chapter 6 室外照明设计的应用

立体感，只要是能达到设计的目标，都是可行的。我们都可以利用以下方式改变光环境中物体的立体感。

1. 改变物体周围光源的位置

如果光源全部聚集在作业面的一个方向或者均匀分散在各个方向，都不利于塑造物体的立体感；设计师应根据所照物体的轮廓、体积感和质感，调整光源的位置，重新塑造物体的形象。比较图 203 和图 204 中两座雕塑的立体感，显然前者不如后者的立体感强，因为两个雕塑周围采用了不同类型的光源，前者采用了漫射光，后者采用了聚光，后者的主光来自于左上方，非常集中地投射在雕塑上，模拟了直射阳光的效果，而图 203 中从各个方向射来的光线，模拟出天空光的效果，削弱了雕塑的立体感。

2. 调整各个方向光源的照度比值

这具体是指调整作业面的照度、环境的照度和辅助光的照度，其过程好比画一张黑白素描。例如，受光面的照度与辅助光的照度比值为 4:1，再将环境的照度调整为受光面照度的 30%，物体的立体感就会增强很多。而当受光面和背光面的比值接近 1:1 时，物品的所有细节都会呈现。比较图 205、206，同样为凹凸不平的墙面设置光源，图 205 中，投在墙壁的照度与周围环境照度接近，所以墙面的立体感不太明显，而图 206 中，墙壁受光面的照度高于周围环境的照度，因此增强了凹凸感。

203 204 改变光源与被照物体的位置，可以明显改变物体的立体感。

087

Chapter 1　概述

Chapter 2　照明设计基础

Chapter 3　照明设计基本原理与程序

Chapter 4　光效设计

Chapter 5　室内照明设计的应用

Chapter 6　室外照明设计的应用

205 环境光源和定向光源之间的照度接近，所以墙面的凹凸感不明显。

206 定向光源的照度较高，所以墙面方块的体积感强烈。

207 208 展柜中采用漫射照明方式，展柜外采用聚光灯直接照明方式，明暗反差较大，突出展柜中的手表细节。

3. 改变空间中光源的数量

　　特别是在美术馆、博物馆这样的展览空间中，灯具的布置非常灵活，为了将展品的最佳状态表现出来，设计师可以通过增加或减少灯具来增强展品的立体感。如图207、208中，为了清楚地展示手表的所有细节，展柜采用了半透明的PVC材质，以均匀地扩散光线，使得照着手表上各个角度的光线数量一样，这样我们就可以轻松地看清各个细节。

　　在高级餐馆中用餐时，人们在令人心情愉悦的灯光下看到对方的表情和外貌，比起由于灯光设计不恰当看到狰狞的面孔，更容易吸引顾客。因此，为了让人们在进餐过程中保持愉悦的情绪，设计师除了在餐桌上方设置灯具，以照亮顾客的面部，还应在餐桌之间安排一些灯具，为顾客的面部提供辅助光，塑造更有立体感的面部。图209中桌面的亮度过高，环境光不足，头顶的射灯使得进餐者脸上的阴影过于浓重，而图210、211、212中，桌面和周围环境光的照度比值合理，增加了顾客脸上的柔光，看起来表情更放松。

　　此外，在专卖店中，顾客更希望看到自己如橱窗里的模特那样有明星感，所以应设置如舞台上的聚光灯，使得顾客的脸部和身材更有立体感。当设计师根据立体感来进行照明设计时，不但可以避免因光线引起面部影子过重的情况发生，而且能创造出舞台般的效果，激发顾客的购买欲。

　　总之，在照明设计中，注重光对立体感的塑造，有助于表现展品的品质，制造赏心悦目的进餐面孔以及提升环境中家具等物品的悦目性。

209 桌面照度与环境照度的反差过大，视觉上并不舒服。

210 211 桌面与环境的照度比值约为3:1，视觉舒适度较高。

209

210

211

089

Chapter 1 概述

Chapter 2 照明设计基础

Chapter 3 照明设计基本原理与程序

Chapter 4 光效设计

Chapter 5 室内照明设计的应用

Chapter 6 室外照明设计的应用

212 照明设计不仅要保证桌面的亮度，还要提供足够的环境光，以柔和进餐者的面部，营造和谐的进餐氛围。

🔍 **课堂思考**

1.观察和拍摄各种空间的照片，分析主要运用了哪几种光效。

2.选择一家常去的餐厅，结合本章所学知识点，对该空间的光环境提出改造设想。

Chapter 5
室内照明设计的应用

213 居室中不同功能空间的照度值推荐表。

214 卧室床头适合间接照明方式。

🔍 **学习目标**

通过本章的学习，掌握室内不同类型的空间的照度标准、常用灯具类型和设计注意事项。

🔍 **学习重点**

本章中，应掌握不同类型空间的照度标准，牢记每个类型空间的照明总体策略。

一、居住空间照明

住宅不仅是进行基本生存行为的场所，也是享受生活的场所。因此，住宅的空间必须要达到安全、健康、便利、舒适的要求。

总体而言，住宅的功能主要是居住和休息，主要包括睡觉、进餐、读书、会客、烹饪、娱乐等方面。规划居住空间的光环境时，应该对每个空间的活动特点有所了解，再进行设计。

1. 总体设计策略

居住空间中的照明对视环境的要求总体分为明亮环境和黑暗环境，如在居室中读书学习对明亮环境有要求，在卧室睡觉则对黑暗环境有要求。当不同功能共处一室时，则对明亮和黑暗环境同时有要求，例如在起居室中同时满足读书和看电视两项活动，设计师应参考图213所列照度标准，合理布置居室灯具的数量。

一般而言，居室光照欠佳的原因是灯具的数量太少，室内的光线缺少层次。增加灯具数量，从功能角度而言，根据需要在不同时间段选择合适的灯具，使得房间中不同区域都得到针对性照明；从节约能源角度而言，降低单灯的功率，节约电能；从美观的角度而言，不同明暗的光线可增加居室的空间层次。图214中，根据客厅的不同活动，设置多个灯具，气氛相当温馨。相反，如果居室的每个房间只有一盏灯，虽然整个空间得到均匀的照度，但每个单独的使用界面却得不到合适的照度，实际上是造成使用的不便。

2. 常用灯具及特点

一般而言，设计师应根据住宅中各个房间的不同功能选择不同类型的灯具，设计师可以参考图217，图中列举了住宅中常用的灯具类型以及这些灯具的适用范围和特点。

照度/lx	适用时间段和空间
1500~2000	手工缝制时
1000~1500	
750~1000	学习时，读书时
500~750	轻松阅读时，化妆时，工作时
300~500	进餐时，洗漱时，炊事时
200~300	家庭聚会时，游戏时
150~200	更衣时，洗涤时
100~150	一般照明（儿童房、浴室、衣帽间、正门门厅）
75~100	一般照明（餐厅、厨房、浴室）
50~75	一般照明（起居室、走廊、楼梯、车库）
30~50	一般照明（储藏室）
20~30	一般照明（卧室）
5~10	室外道路
1~2	深夜，防范照明

213

214

灯具示意图	名称	适用范围	特点
	吸顶灯	厨房、阳台、浴室	通常是漫反射照明，光线柔和
	水晶吊灯	客厅	通常光线比较耀眼
	普通吊灯	饭厅、客厅、卧室、储藏室	通常属于间接照明或半间接照明，光线向上分布，以免产生眩光
	壁灯	客厅、卧室、浴室	通常属于间接照明或半间接照明，固定在墙壁，光斑比较明显
	台灯	书房、卧室	适用于局部照明，光线向下分布，要求光源的照度和显色性较高
	射灯	客厅、书房	通常产生直接向下的光线，光斑明显，适合集中照明，容易产生眩光
	地脚灯	通道、楼梯、浴室、卧室	适合夜间安全照明，由于位置较低，光线向下分布，可以避免眩光，光斑不明显
	其他艺术灯具	居室中的任何空间	根据使用者的个人品位选择，属于局部照明和装饰性照明范围

215 216 起居室中可以组合使用不同类型的灯具，如射灯、台灯和壁灯，丰富空间的层次和契合不同的功能需求。

217 居室常用灯具名称及特点。

218 每种灯具都各司其职，符合不同功能区域对照度的要求，有效地提高了每种灯具的使用效率，而且减少光的浪费。

219 不同区域采用不同的照明方式，桌面为射灯，墙角和顶面采用间接照明方式，光线柔和，茶几采用落地灯，不透明灯罩避免了直射眩光。

093

Chapter 1 概述

Chapter 2 照明设计基础

Chapter 3 照明设计基本原理与程序

Chapter 4 光效设计

Chapter 5 室内照明设计的应用

Chapter 6 室外照明设计的应用

住宅中常见的行为状态包括在起居室中会客或举行家庭活动，在餐厅中吃饭，在书房中阅读和上网，在卧室中睡觉，在厨房中做饭，在浴室中洗漱和洗涤，在储藏室整理物品，在娱乐间里游戏或健身等等。

使用者的不同行为对视觉环境的要求不同，譬如书房中的照度一定高于卧室，书房中阅读区和上网区的照度又不相同，前者属于精细行为，需要重点照明，后者由于电脑显示屏自身已有足够的亮度，所以只需要一般照明。

3. 灯具的位置与人体尺度

当我们忙碌了一整天，回到家时，期望进入一个舒适宜人的环境，让疲惫的身心得到充分的休息，再迎接第二天的忙碌。为了创造一个舒适轻松的环境，照明设计师应遵循以下规律：当人的视点与自己所在的基准面越接近，心理就越容易放松；反之心理越容易紧张。事实上，白天正午时分，太阳的位置最高，色温最高，强烈的直射光使得人的情绪高涨；午后，太阳光的色温逐渐降低，太阳的位置也逐渐降低；到了夕阳西下时，色温最低，人们的心情逐渐放松。由此可见，人的生物钟变化规律与太阳的位置变化规律是一致的。那么从室外转换到室内，光源的位置越低，人的心情越放松，参考示意图220。

220 居室中，人体的尺度与灯具的高度存在一个合理的对应。

221 餐厅中既要局部设置悬挂式灯具，又要设置一般照明，使餐厅给人以明亮、干净的感受。

222 走廊利用壁柜下方设置灯带产生间接光，既能照亮环境，又避免了眩光，提高了环境光的视觉舒适度。

223 色温数值对照表。

224 225 比较这两个卧室的灯光，前者床头采用间接照明，看见柔和的光线，但看不到光源，后者却在床头上方使用射灯，当人躺在床上时，看到的是刺眼的直射眩光。

4. 设计注意事项

（1）住宅照明宜选用以白炽灯、节能荧光灯为主的照明光源。

（2）住宅照明设计应使室内光环境实用和舒适。卧室和餐厅宜采用低色温的光源，参考图 223 中的色温值。

（3）起居室的照明宜考虑多功能使用的要求，有时可在起居室设置灯具调光装置，以满足不同时间不同功能的需要。

（4）餐厅局部照明要采用悬挂式灯具，以突出餐桌的效果为目的，同时还要设置一般照明，使整个房间有一定程度的明亮度，显示出清洁感。

（5）厨房的灯具应选用易于清洁的类型，如玻璃或搪瓷制品灯罩配以防潮灯口，尽量与餐厅用的照明光源显色性相一致或近似，如图 221。

（6）建议厨房的水槽上方应安置一盏灯。如果厨房只有一盏灯，在夜间洗碗时，由于灯在人的背后，人的影子就会投到前面的水槽里，洗碗就不太方便，所以建议在厨房至少设置两盏灯，一盏用于环境照明，另一盏用于水槽上方的重点照明。

（7）门厅是进入室内给人以最初印象的地方，因此要明亮，灯具的位置要考虑安置在进门处和深入室内的交界处，这样可避免在访者脸上出现浓重的阴影，影响客人的形象。

（8）在门厅内的柜上或墙上设灯，会使门厅内产生宽阔感。

（9）走廊内的照明应安置在房间的出入口、壁橱，特别是楼梯起步和方向性位置。设置吊灯时要使照明下端距地面 1.9m 以上。楼梯照明要明亮，以免产生危险。

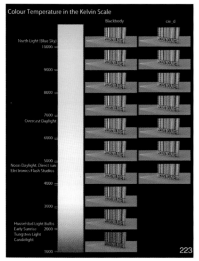

（10）卫生间需要明亮柔和的光线，因卫生间内照明器开关频繁，所以选用节能荧光灯作光源较适宜。

（11）卫生间的灯具位置应避免安装在便器或浴缸的上面及其背后。开关如为跷板式时宜设于卫生间门外，否则应采用防潮防水型面板。

（12）厕所内的照明灯具避免安装在便器的正上方，形成怪异的面部表情。

095

概述 Chapter 1

照明设计基础 Chapter 2

照明设计基本原理与程序 Chapter 3

光效设计 Chapter 4

室内照明设计的应用 Chapter 5

室外照明设计的应用 Chapter 6

（13）可分隔式住宅（公寓）单元的布灯和电源插座的设置，应该与分隔空间的墙体相适应。可在顶棚上设置悬挂式插座，采用装饰性多功能线槽或将照明灯具以及电气装置件与家具、墙体相结合。

（14）高级住宅（公寓）中的方厅、通道和卫生间等，宜采用带有指示灯的跷板式开关。

（15）为防范而设有监视器时，其功能宜与单元内通道照明灯和警铃相互关联。

（16）公寓的楼梯灯应与楼层层数显示结合，公用照明灯可在管理室集中控制。

（17）每户内的一般照明与插座宜分开配线，并且在每户的分支回路上，除应装有过载、短路保护外，还应在插座回路中装设漏电保护和有过、欠电压保护功能的保护装置。

（18）单身宿舍照明光源宜选用荧光灯，并宜垂直于外窗布灯。每室内插座不应少于两组。条件允许时可采用限电器控制每室用电负荷或采取其他限电措施。

二、办公空间照明

办公空间是长时间进行视觉作业的场所，因此，照明设计要在创作舒适的视觉环境和提高工作效率之间达成一种平衡。

办公空间照明应该根据办公室中的活动进行设计，包括读书、写字、交谈会议、思考问题等等，更为人性化的设计体现出对这些活动的照明设计要区别对待。图226图解分析最为普遍的办公空间照明设计类型，将工作台或者隔板上的工作灯与安装在天花板上的环境照明灯进行组合，同时确保作业面上与环境照明的适宜亮度。

1. 总体设计策略

整体而言，办公空间照明设计应协调办公桌面与公共活动区域光环境的关系，如图226。

为营造一个舒适有效率的办公作业环境，应注意两点：一是桌面要达到所需照度，二是没有妨碍作业的眩光。一般办公桌的推荐照度是750lx，处理精细作业并由于日照的影响时，推荐照度是1500lx，请参考图227所示办公空间不同区域的照度推荐值。为了避免疲劳和工作差错，限制眩光十分重要，还要根据电脑屏幕的特性来限制灯具的亮度和调整灯具的遮光角度。

相对于办公桌采用重点照明的方式，公共区域所采用的是一般照明方式。一般照明方式是把灯具按照一定规律布置在整个天花板上，为室内的工作面提供一个均匀的基本照度。一方面，因长时间在办公桌前视觉作业而感疲劳，桌面周围的环境就应该调整到较为舒适的照明；另一方面，考虑到节能相对于工作面照度

226 分析办公桌与周围环境光的位置。

227 办公空间照度推荐表。

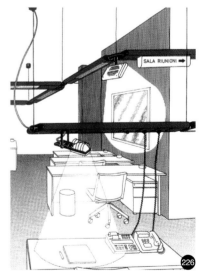

226

照度/lx	适用时间段和空间
1500	精细工作区、设计室、制图室
750	一般工作区、资料室、阅览室、会议室
500~700	门厅、会客室
300~500	茶水间、打印间
75~100	餐厅、卫生间
50~75	走廊、电梯间

227

228 **229** **231** 同为"牛栏式"办公空间的照明环境，相对而言，下面这张图中的光环境舒适度最高。

230 工作面照度与周围环境照度之间的比值。

工作面照度/lx	周围环境照度/lx
≥750	500
500	300
300	200
≤200	与工作面照度相同

230

的周围环境照度值，将安装在天花板上的环境照明灯具与安装在工作台或隔板上的照明灯具结合起来，是一种最常见的照明方案，但由于灯具形式和自然光利用条件的不同，办公空间的照明设计方案没有固定的模式。

图 228 和 229 中，展示的是"牛栏式"办公空间，就是在一个大空间中，每位员工的办公区域由半高的隔板围合起来，形成相对独立的工作台面，值得注意的是要控制工作面照度与周围环境照度之间的比值，可以参考图 230。此外，要选择合适的照明方式，在图 231 中，工作界面设置明亮的荧光灯，而天花板上的环境灯则选择了漫反射吊灯，制造了相对柔和与放松的照明氛围。

228

229

231

097

Chapter 1 概述

Chapter 2 照明设计基础

Chapter 3 照明设计基本原理与程序

Chapter 4 光效设计

Chapter 5 室内照明设计的应用

Chapter 6 室外照明设计的应用

灯具示意图	名称	适用范围	特点
	射灯	会议室、门厅、办公室之间的长廊	1光线向下分布 2适合会议室或讨论区的桌面集中照明 3长廊氛围照明
	直射型台灯	工作桌面	带反射罩、下部开口的直射型，适用于个人作业面集中照明，并根据电脑荧光屏的亮度来限制灯具的亮度。
	地脚灯	楼梯	光线向下分布，适合自然光较少的室内楼梯。
	筒灯	接待区、打印间、茶水间、员工休息间	适用于整体照明，光线向下分布，无明显光斑，光源一般选择紧凑型荧光灯管。
	隔栅灯	办公室	适用于办公空间环境照明，一般选择荧光灯管。

232

233

2. 常用灯具及特点

　　办公室中，桌面光源以高色温的节能灯为主，走廊或茶水间等公共区域则以低色温的射灯或筒灯为主，具体请参考上图232。

3. 设计注意事项

　　（1）通常情况下，人们在办公室中待的时间很长，从早上到晚上，所以设计者应全面考虑自然光设计和人工光设计之间的自然过渡，不仅要考虑窗户旁的工作面如何防止眩光问题，还要考虑那些远离自然光的工作面，如何通过增加人工光源提高工作面的亮度。如图233所示，在靠近落地窗附近的洽谈区，设计并未增加荧光灯，在远离自然光的工作区则横向增加了隔栅灯，为工作面提供柔和而均匀的环境照明。

　　（2）办公室环境照明的照度值应根据工作面的照度来确定，这两者之间应该保持互相协调的关系。当周围环境的亮度发生急剧变化时，工作面上工作的人就会感觉到紧张和不舒适，所以工作面的照度与平均照度之比应保持在0.7，周围环境的照度与平均照度之比应保持在0.5。

　　（3）当设计者难以确定每个工作位置时，可选用发光面积大、亮度低的双向式配光灯具，增加环境照明的亮度。

　　（4）办公室的环境照明应设计在工作区的两侧，采用荧光灯时宜使灯具纵轴与作业面水平方向平行，如图234。

　　（5）工作面附近隔断、桌面宜采用无光泽的装饰材料，避免人眼在显示屏、书本、桌面的来回移动过程中接触到眩光，产生视觉疲劳。图235中，办公桌

232 办公空间常用灯具类型及特点。

233 荧光灯管的色温接近天空光，适合用于朝北的会议室。

234 从节能的角度考虑办公室照明，分区分组控制灯具，采光充足的时候可以关闭一部分灯具。

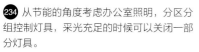

235 桌面应该选择反射率低的材质，以免产生光幕反射眩光。

的材料反射率太高，建议更换无反光材料。

（6）为了避免疲劳和工作时出现差错和事故，设计者要考虑光源亮度与遮光角的关系，限制眩光对人眼的影响，参考图 236。例如，当光源的亮度大于等于 500 kcd/m² 时，所对应的遮光角不得低于 30°。

（7）经理办公室照明要考虑写字台的照度、会客空间的照度及必要的电气设备。

（8）会议室照明，会议桌上方的亮度最高，周围环境的亮度根据会议桌的亮度来确定，这么做的目的是利用集中的光线使人们产生向心感，从而集中注意力，如图 237 所示。

（9）办公室的环境照明常常采用看不到光源的漫反射光带，如图 238 所示。

（10）SOHO 族：是指一些在家进行办公的人群。由于空间兼具住宅和办公室的功能，室内光环境设计应同时参考住宅光环境设计标准和办公光环境设计标准。如图 239，一层为起居室，以低色温的暖光源为主；二层空间为办公空间，以模拟自然天光的漫反射照明方式为主，采用高色温的节能光源。

236 说明光源亮度与遮光角的对应关系。

237 桌面亮度一定要高于环境亮度，有助于集中开会者的注意力。

三、餐饮空间照明

在我们的日常生活当中，除了在住宅中就餐，我们常常外出就餐，就餐空间的光环境设计是室内照明设计的重要部分之一。就餐空间分为家庭聚餐式的住宅

光源亮度kcd/m²	最小遮光角度
1~20	10°
20~50	15°
50~500	20°
≥500	30°

236

237

101

Chapter 1 概述

Chapter 2 照明设计基础

Chapter 3 照明设计基本原理与程序

Chapter 4 光效设计

Chapter 5 室内照明设计的应用

Chapter 6 室外照明设计的应用

餐厅、中餐厅、西餐厅、自助餐厅、咖啡馆、小型酒馆、酒吧、小型甜点店、快餐店、茶楼等类型，根据不同的功能，照明设计除了表现餐品的诱人品质与塑造人的面部表情以外，最终要营造特定效果的舒适宜人的就餐环境。

1. 总体设计策略

（1）表现餐品的诱人品质

当端上餐桌时，美味的菜肴在灯光的照射下，显现出诱人的光泽。近年来，随着对饮食文化的关注程度提高，人们将饮食文化的各个细节都研究得极其透彻，进而成为一种潮流。如图240中，厨师制作菜肴的过程从封闭的厨房中搬到客人用餐的环境中，人们可以一边用餐，一边欣赏诱人的食物原料被制作成美味菜肴的过程。由此，灯光的作用除了照亮最终制成的菜肴外，还有照亮食物原料、半成品以及厨师使用的工具，如图241。

（2）展示和塑造人的面部表情

目前许多的餐馆照明设计，较少考虑到这个空间中人的面部表情受到光线的影响，常常看到店员或客人面部阴影浓重，面色昏暗或者脸上出现怪异的色彩，这些都是灯光对立体感效果的关注不够所造成的。建议采用重点照明和环境照明结合的设计策略，餐桌面使用射灯进行重点照明，周围使用漫射光或者背景反射光，使得顾客面容更柔和，如图243。

238 利用减少眩光的间接照明灯带，替换传统的筒灯和射灯等直接照明方式，办公室的环境更舒适。

239 二层使用色温高的节能灯管，一层使用符合家居氛围的低色温光源，区别非常明显。

240 操作台的光源亮度要高，显色性要好，才能凸显菜品的诱人色泽。

241 蛋糕店的橱柜光源应使用显色性高、温度低的 LED 光源，同时玻璃柜外应使用照度低于柜内的金卤灯，以免顾客在选购蛋糕时看到的是光源在玻璃上的反光。

242 餐饮空间的照度推荐值。

243 从吊顶突出的结构，结合灯光，形成了柔和的漫反射光。

244 吧台立面的 LED 灯形成的复杂图案渲染出神秘的进餐氛围。

照度/lx	适用时间段和空间
750~1000	开放式料理区，便于进餐者观赏厨师的手艺
500~750	中式进餐桌面
300~500	西餐进餐桌面、后台厨房间
200~300	酒吧操作台、经理办公室
150~200	接待台、门厅
100~150	除进餐区以外的环境照明、休息区
75~100	走廊、楼梯、员工休息间

242

103

Chapter 1 概述

Chapter 2 照明设计基础

Chapter 3 照明设计基本原理与程序

Chapter 4 光效设计

Chapter 5 室内照明设计的应用

Chapter 6 室外照明设计的应用

（3）营造舒适的用餐氛围

不可忽视的一点是，艺术化的灯光氛围容易将人带入身心愉悦的境界，对促进客人之间愉快的交流有一定帮助。图244展示的是酒吧中灯光设计，吧台立面别致的灯光图案制造出神秘的进餐环境。

2. 常用灯具及特点

在餐饮环境中的照明设计，要创造出一种良好的气氛，光源和灯具的选择性很广，但要与室内环境风格协调统一。

如果以创造舒适的餐饮环境气氛为主要目的，白炽灯在运用上多于荧光灯，因为白炽灯显色性理想，光源色表呈现黄白色，价格便宜。现在由于紧凑型荧光灯也可呈现暖白色，所以现在餐馆最常用的还数色温为2700k的紧凑型荧光灯。金卤灯也是不错的光源，显色性高，但使用寿命不如荧光灯长，价格也偏高。

3. 设计注意事项

（1）一般情况下，低照度时易用低色温光源。随着照度变高，则趋向白色光。对照度水平高的照明设备，若用低色温光源，使人感到闷热。对照度低的环境，

245 餐饮空间常用灯具类型及特点。

灯具示意图	名称	适用范围	特点
	吸顶灯	厨房、员工休息间	采用节能荧光灯，显色性较好，使用寿命长。
	水晶吊灯	门厅、餐品展示区	属于装饰性照明灯具，制造奢华的进餐环境。
	吊灯	进餐区照明	通常属于间接照明或半间接照明。
	光带	进餐区背景照明	辅助环境照明，为进餐者的面部照明提供均匀的光线。避免形成浓重的暗影。
	射灯	交通区照明、桌面照明、卫生间	通常产生直接向下的光线，光斑明显，适合集中桌面照明，但是容易产生眩光。
	地脚灯	通道、楼梯、卫生间	位置较低，光线向下分布，避免了眩光，光斑不明显。
	其他艺术灯具	餐厅中任何需要艺术照明的区域	根据室内设计风格来确定，属于装饰性照明范围。

若用高色温的光源，会产生青白的阴沉气氛。一般情况下，为了优化饭菜和饮料的颜色，应选用显色指数高的光源。

（2）多功能宴会厅，兼具宴会和其他使用功能的大型可变化空间，所以灯具的选择应同时符合功能性照明标准和装饰性照明特征。一般情况，设计者采用二方或四方连续的反光灯带和同样艺术造型的大型吊灯来满足这种需求，色彩和造型要与室内整体设计风格协调，整体照度应达到 750lx，可安装调光器以适应各种功能要求。

（3）特色餐厅是为顾客提供具有地方特色菜肴的餐厅，相应的室内环境也应具有地方特色。在照明设计上可采用以下几种方法：采用具有民族特色的灯具；利用当地材料进行灯具设计；利用当地特殊的照明方法；照明与建筑装饰结合起来，以突出室内的特色装饰。如图 246 中，分隔餐桌之间的灯墙，既作为隔断，又作为装饰，还兼顾环境照明的功能。

（4）快餐厅的照明可以多种多样，但在设计时要考虑与环境及顾客心理相协调。一般快餐厅照明应采用简练而现代化的形式。

（5）主题性酒吧间照明，酒吧后面的工作区和陈列部分要求有较高的局部照明，便于服务员操作，酒吧台下可设光槽照亮周围地面，给人以安定感。室内整体环境较暗，营造轻松的交流氛围，切不可直接将直射光安置在顾客的头顶上方，不仅使顾客紧张，而且丑化了顾客的面部表情，如图 247、248、249 中，在这样的光环境中进餐是一种享受。

246 沙发后的灯光装饰隔断巧妙地将功能照明与氛围照明融为一体。

247 248 249 主体餐饮空间设计尤其注重光环境的设计，优质的空间、家具、餐具和菜品都要通过优质的灯光来体现，可见灯光设计的重要性。

246

247

248

249

Chapter 1
概述

Chapter 2
照明设计基础

Chapter 3
照明设计基本原理与程序

Chapter 4
光效设计

Chapter 5
室内照明设计的应用

Chapter 6
室外照明设计的应用

四、商业空间照明

对于商店来说，把商品卖出去，实现商业利益是最根本的目的。因此，商店照明的核心目的是：通过光线引导消费者进入商业空间，吸引消费者对商品的注意力，刺激消费者的购买欲。此外，商店作为公共空间，必须为店员和消费者提供安全和舒适的光环境，而这一点是商店照明的基本要求。参考图252、253，我们可以清楚地了解商业空间的照度标准。

1. 总体设计策略

明确商业空间照明内容包括环境照明、商品照明和装饰性照明。

环境照明的目的是为整个商业空间提供足够而均匀的光线，光线的来源可以是人工光或自然光；商品照明是指对单个商品的陈列照明，通过照明设计美化商品的形态、色泽、质地和加工工艺，使它看起来物有所值，吸引消费者的注意力，从而有效刺激顾客消费，起到导购的作用；装饰性照明的目的是通过光环境设计烘托和表现品牌形象及内在价值，培养顾客的潜在消费欲望。

重点照明与环境照明结合的模式，也是商店室内照明的基本模式，如图250、251中，柜台上方的聚光灯主要起到重点照明功能，而天花板或墙面的洗墙灯和灯带主要起到环境照明的功能。商店设计模式的转变引起照明设计模式的转变，商店从以商品为主的美术馆模式向以顾客为主角的体验购物模式转变，这种变化在比较高端的购物中心、精品店、专卖店中表现尤为突出。

2. 常用灯具及特点

设计师建议，应根据商业空间的商品类型设置相应的照度，如图253，这是大致的分类情况，具体还要根据展柜的材料和顾客的视角来确定具体照度值。

灯具的外形应符合商店的整体设计风格，图254中，列举了常用灯具类型的特点和使用范围，具有一定的参考价值。

250 251 重点照明采用射灯，环境照明利用吊顶灯带和洗墙方式。

252 商业照明照度推荐值。

253 应根据商品所属类别确定其照度。

照度/lx	百货公司	专卖店
1500~2000	重要商品陈列区、橱窗	重要商品陈列区
1000~1500	服务台、一般商品陈列	临街橱窗
750~1000	重点楼层、专卖柜、咨询专柜	入口、收银台、包装台、自动扶梯
500~750	一般楼层基本照明、自动扶梯、电梯	一般陈列
300~500	楼层基本照明、问询台	
150~200	洗手间、楼梯、走廊	
75~100	顾客休息区、更衣室	
20~75	库房	**252**

照度/lx	商品种类
1000	新鲜蔬菜和肉制品、食品、礼品、首饰等。
700	服装、深色布制品、化妆品、文具、书籍、日用品、玩具、家用电器、餐具等。
500	内衣、浅色布制品、鞋类、家具、床上用品、织物、交通工具、五金交电等。 **253**

107

Chapter 1 概述

Chapter 2 照明设计基础

Chapter 3 照明设计基本原理与程序

Chapter 4 光效设计

Chapter 5 室内照明设计的应用

Chapter 6 室外照明设计的应用

灯具示意图	名称	适用范围	特点
	吸顶灯	员工休息间、库房	采用节能荧光灯，显色性较好，使用寿命长。
	水晶吊灯	装饰性照明、等待区、收银台	属于装饰性照明灯具，吸引消费者进入店内。
	吊灯	环境照明	通常属于间接照明或半间接照明。
	光带	货架背景照明、更衣间环境照明	烘托商品照明，提供更均匀的室内光线。
	射灯	一般商品照明、重点陈列商品照明	通常产生直接向下的光线，光斑明显，光线集中，亮度高于周围环境。
	地脚灯	通道、楼梯	位置较低，光线向下分布，避免了眩光，光斑不明显。
	其他艺术灯具	展示橱窗	应用艺术化照明，体现品牌的文化和内在价值。

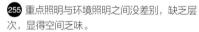

254

254 商业空间常用灯具类型及特点。

255 重点照明与环境照明之间没差别，缺乏层次，显得空间乏味。

3. 设计注意事项

（1）应防止在货架、柜台和橱窗上产生直射眩光和反射眩光。如果是临街的橱窗，其照度应小于1000lx，否则顾客从街上看橱窗时，就会产生光幕眩光，因为白天室外的照度约为1000lx。

（2）商品照明要考虑如何表现商品的质感和立体感。

（3）商品照明和环境照明的亮度比值不得超过3:1。如图255中，环境照度超过了商品上的照度，使得光环境缺乏层次，显得商品特别苍白。

（4）服装专卖店的更衣间照明，应注意利用灯光修饰消费者的脸部轮廓和脸色，在头顶或较低处设置射灯会造成奇怪的面部表情，使用冷光源则会使人脸色难看，这些欠缺考虑的设计会影响消费者的心情，降低其购买欲。

（5）在一些高档的专卖店中，商品被陈列得如同艺术品一样，顾客与商品的心理距离相当遥远，而在体验购物的商店设计中，购物环境成为一个供消费者体验的场景，顾客可以随时拿起商品，就像在家里试穿一样自然，如图256、257。设计师设计的是一种购物体验，使得购物成为一种享受，这样的设计出发点是如何传递所卖商品背后的生活方式和价值观，而这些正是现代人所关注的方面。

255

256 顾客可以像在家中一样随意拿起商品这营造了良好的购物体验。

257 基于体验式购物模式能促进更多的消费观念，灯光设计也要如博物馆一般能凸显商品的品质，才能激发消费者的购买欲望。

258 **259** **260** 路易斯·威登服装品牌非常成功地运用了灯光设计促进消费者购买欲的定律，在灯光设计方面下足了功夫，从建筑外立面到柜台内部，处处尊显奢华感。

从消费者体验的角度而言，照明设计师更愿意采用情境照明方式，注重营造出让消费者感到愉悦的购物环境。他们不仅仅关注橱窗和展示台的照明效果，而且对商店入口、试衣间、等候区、镜子前等区域予以高度重视。以世界著名品牌路易斯·威登专卖店的照明设计为例，如图 257、258、259 所示，此建筑外观白天看起来不是很显眼，当夜晚降临，建筑在灯光的映衬下似乎换了一番面貌，闪烁的点状犹如星空，与不规则排列的方块形成对比，制造出浪漫而神秘的氛围，行人驻足观看橱窗内的产品。橱窗的灯光以橘红色的光效吸引行人驻足，进入内部后，每件商品都以独特的方式完美呈现，足够的亮度让商品的每个细节都如实呈现，不同层次的光线彰显出该品牌一贯的奢华和精致。

五、博物馆（美术馆）照明

博物馆根据展陈种类划分，包括综合型博物馆（如上海博物馆）和专题型博物馆（如上海消防博物馆）两种。

博物馆根据建筑形式主要分三种：一是专门设计的，二是直接利用一般性展览馆改造的，三是利用其他古旧建筑设立的。特别是第三种建筑形式的博物馆，在考虑光环境设计时应注重对原建筑的保护。

一般而言，衡量光环境设计效果的主要指标包括照度、显色指数、色温与照度的搭配、均匀性、立体感、眩光、对比度等。然而博物馆的照明设计策略，除了要考虑照明标准（如图 263 所示）以外，必须遵循有利于观赏展品和保护展品的原则，设计策略应达到安全可靠、经济适用、技术先进、节约能源、维修方便等要求。

1. 总体设计策略

不论是从展品陈列效果的角度，还是从观众欣赏展品的角度，博物馆和美术馆的照明设计不仅要忠实地反映展品的颜色、形体特征、保护展品，还要保证非专业的观众不受眩光、白光、彩光污染的干扰。

261 优质的博物馆照明，使得观众的视线一直处于放松的状态。

262 博物馆照明的专业性体现在：灯光对展品的保护方面。

263 博物馆（美术馆）建筑不同功能空间的照度推荐值。

照度/lx	展厅部分	公共区	办公区	装运区
2000~3000	最重要展品陈列区	——	——	——
1500~2000	——	入口雕塑、入口广告牌	新闻发布中心录像室	卸货登记区
500~1000	一般大件展品陈列、橱窗、精加工物品陈列区	入口检票区、问询台、自动扶梯、报告厅、休息厅	研究室、书库、档案室、化验、美工、陈列设计与制作区	控制室、观察室
200~500	展厅装饰性照明	接待区、等候区、寄存处	电气房、电话总机房	装卸运送区一般照明
50~200	敏感展品陈列区	洗手间、休息区、通道、安全照明	员工休息值班	展览库房、行政库房

263

109

Chapter 1 概述

Chapter 2 照明设计基础

Chapter 3 照明设计基本原理与程序

Chapter 4 光效设计

Chapter 5 室内照明设计的应用

Chapter 6 室外照明设计的应用

（1）避免照明对展品造成损伤；例如避免日光直射展品，特别是油画或手工制作展品，玻璃要经过防紫外线处理，灯具上安装隔热工具，避免出现烤焦、融化展品表面材料的问题。图表264列举各个国家制定出各种类型展品的光敏度标准及照度要求，可供设计师参考。

（2）避免眩光：

第一，观众在观看展品时，不应有来自光源或窗户的直接眩光或来自各种表面的反射眩光。

第二，观众或其他物品在光泽面（如展柜玻璃或画框玻璃）上产生的映像不应妨碍观众观赏展品。

第三，油画或表面有光泽的展品，在观众的观看方向不应出现光幕反射，如图266，展柜内部的亮度应高于展柜外部环境光，这样就不会在玻璃上产生光幕反射现象。

（3）营造有助于观赏的照明氛围，兼顾展品亮度与周边环境的亮度关系。

264 国际上对不同展品的光敏度进行测算和分类，并给出了相应的照度标准。

265 在一些专题性陈列馆，除了文物外，可以灵活使用各种光源和照明方式。

266 博物馆（美术馆）中，展柜的内部亮度最好高于环境的亮度以免在玻璃上产生光幕反射眩光。

265

266

	光敏度		
	光敏度极高的展品	光敏度高的展品	光敏度较低的展品
绘画	水彩画、素描画、矿物颜料画	油画 用胶、水、蛋黄调制的颜料画	
布	织物		
纸	印刷品、壁纸、邮票		
革	染织皮革	天然皮革	
木		木制品、漆器	
其他		角、象牙	石刻、宝石、金属、玻璃、陶瓷
照度/lx 1,000		J	J
750		J	J
500		J	USA
300	J	J	（F）USA
200	J		（F）USA
180	J	F，	（F）
150	J	F，B	（F），B
75		USA	
50	F、B、USA		
备注	在法国没有限制，通常在300lx以下		

F：法国的ICOM（International Council of Museums,1977）的规定
B：英国的IES（Illumination Society,London,1970）的规定
USA：美国的IES（Illumination Engineering Society,New York,1970）的规定
J：日本的JIS Z 9110（1979）的规定

264

2. 常用灯具及特点

博物馆（美术馆）中的展品照明常常使用射灯，并根据展品的特性在灯具上安装不同功能的滤镜，以保护展品免受红外线、紫外线和过多热量的损害。对于小型展品或展柜，常选用 LED 光源的射灯，对于大型雕塑和高大展柜，常选用可调光的卤素光源。

3. 设计注意事项

（1）国际博物馆协会（ICOM）要求照度值应与色温相匹配，照度较高时选用高色温光源，照度较低时宜选用低色温光源。我国尚没有对此制定标准。一般博物馆照明建议使用色温小于 3300k 光源，同时保持统一环境的色温整体性。在陈列绘画、彩色织物等对辨色要求高的场所，应采用一般显色指数（Ra）不低于 90 的光源，对辨色要求不高的场所，可采用一般显色指数不低于 60 的光源。

267 博物馆（美术馆）中常用灯具类型及特点。

灯具示意图	名称	适用范围	特点
	投光灯	特大展品、特大空间	适合大尺度的空间和展品，一般从两个方向射向展品，一个设置在建筑构件上作为主光源，另一个从展品底部向上作为侧光，增加展品的立体感。
	带反光板的射灯	展厅	属于装饰性照明灯具，吸引消费者进入店内。
	轨道射灯	重点展品陈列区	适合中小型展品。
	隔栅灯	一般展品陈列区	烘托商品照明，提供更均匀的室内光线。
	灯带	需要柔和光线的区域	环境照明，采用漫反射间接照明、形成柔和的自然光线，特别适合绘画艺术品展区。
	壁灯	卫生间、电梯间	装饰性照明、引导性照明，适合烘托展厅气氛。
	地脚灯	安全照明、通道、楼梯	位置较低，光线向下分布，避免了眩光，光斑不明显。
	其他艺术灯具	展厅入口、公共休息区	其艺术特点与陈列主题相呼应

Chapter 1 概述

Chapter 2 照明设计基础

Chapter 3 照明设计基本原理与程序

Chapter 4 光效设计

Chapter 5 室内照明设计的应用

Chapter 6 室外照明设计的应用

（2）考虑光源的光谱特性对展品的损害。即照明设计中应尽量减少短波成分。随着入射光线的波长移向蓝光甚至进入紫外波段，光线对展品的损害程度增大。由于紫外光对物质有很大的破坏性，因此，博物馆照明中要选用紫外光辐射少的光源。参考图268，对不同类型的展品进行分析，了解其光敏特点，选择适合的照度和色温以减少光源对展品的损害。

（3）照明设计中既要限制照度和暴露时间，又要减少因温度上升而导致的展品损坏，两者相辅相成。限制照度是指光照到展品上的辐射能强度（照度）的大小，暴露时间是指展品被照时间的长短。譬如，100lx 的照度作用于展品1000 小时的破坏程度相当于 50lx 的照度作用于展品 2000 小时。光线入射到展品上，一部分被展品吸收，导致展品的温度升高而使其干燥，如果室内空气湿度不足，就会损害展品。又由于照明的开和关，致使展品的温度反复上升和冷却，产生热胀冷缩也可能损害展品。热作用来自红外线部分，因此要尽量滤除光源中的红外线。

（4）针对美术馆空间中的墙面展示，展陈照明宜采用背景照明、普通照明和局部重点照明相结合的照明手法，同时还要考虑观众在观看画作时，不会在画面上看见眩光，如图 269、270、271 所示，通过设计和计算，可以精确地确定光源的透射角度和距离。

在光环境设计飞速发展的今天，博物馆光环境设计已经不能只单单考虑、尊崇某些照明质量和照明参数的规范，它是一个系统工程的问题，设计者应综合考虑照明技术、展陈主题、艺术效果和观众的心理等因素之间的关系。

光敏性	展品类别	照度推荐值（LX）	色温（K）
对光不敏感	金属、石材、玻璃珠宝、陶瓷、珐琅	≤ 300Lx	≤ 6500 K
对光较敏感	竹器、木器、藤器漆器、骨器、油画壁画、皮革、标本	≤ 180Lx	≤ 4000 K
对光特别敏感	纸制书画、纺织品印刷品、植物标本树胶彩画、染色皮革	≤ 50Lx	≤ 2900 K

268

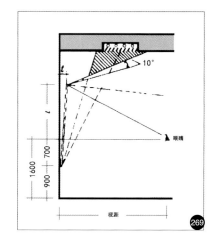

269

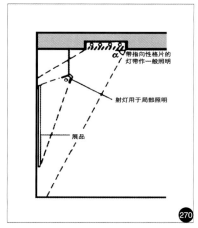

270

268 根据光敏度分类的展品照度和色温标准。

269 **270** **271** 为了避免画面中出现光源的反射眩光，应对投射角度和距离进行设计和测算。

271

272 **273** 会展照明可以给观众带来戏剧性的视觉体验，以吸引观众们的眼球。

六、会展空间照明

展会的主要功能不是直接销售商品，而是推广产品、接受订单、发布企业信息、宣传企业形象，同时得到参观者的反馈信息的空间。

1. 总体设计策略

展会空间照明的主要目的是：运用视觉冲击力强的彩色光、动态光、光影艺术等手段增强观众的戏剧性视觉体验。

展品通过光的塑造更完美地呈现出来，迅速有效地传播信息是光效设计的首要任务；利用光的表现力为展示活动渲染有主题、有剧情的展示情境，使展品所承载的价值观、所代表的生活方式等深层次意义更深刻地被参观者认同是光效设计的终极目标。

2. 常用灯具及特点

目前国内外会展常用的灯具承载面有两种：一种直接利用空间围合结构安装灯具，如展区的墙壁、顶棚；另一种利用桁架结构，分为独立式与吊顶式，这些承载结构必须与展示设计的整体形象统一。从功能的角度考虑，模数化的桁架是展会设计的不错选择，如图272、273所示展厅，灯具悬挂于桁架上。

所有展览场地都会提供基础照明，因此展会光效设计的基本任务是重点照明。应以最新的照明设计理念与照明技术表现产品，为提供优质的重点照明。

人工光源容易控制，富有戏剧性色彩的照明效果容易实现，要求灯具的显色性好，显示指数大于80，可自由调节照明位置与照明方向，以应对场地出现的突发情况。在灯具上安装外附式遮光器，如图274、275，展厅中的大部分灯具都装上了可调节遮光罩，消除眩光干扰以及对其他展厅的光污染。而对于反射系数高的展品，可采用反光板方式形成间接光，更有效地避免眩光。同时使用智能调光器，改变亮度和颜色。

3. 照明方式

所有的展览场地都会提供基础照明，所以展会光效设计的基本任务是重点照明。优质的重点照明，体现出最新的照明设计理念与照明技术。

在商业展会空间中，设计师常用的照明方式有直接照明方式（与射灯和投光灯结合）、半间接照明方式（与反光板或墙面结合）、漫反射间接照明方式（与透光型材料结合）。

如图276所示，展厅采用LED灯带洗墙方式，形成柔和的间接光，到了每个展区，采用轨道射灯对展品进行直接照明，可以有效地调整观众的视线，时而放松视线，时而聚焦到展品上。

113

Chapter 1 概述

Chapter 2 照明设计基础

Chapter 3 照明设计基本原理与程序

Chapter 4 光效设计

Chapter 5 室内照明设计的应用

Chapter 6 室外照明设计的应用

274 275 桁架上悬挂了会展空间中最常见的灯具及遮光罩。

276 当代会展空间中，LED 的洗墙效果应用普遍。

277

278

279

280

277 聚光灯与灯箱结合，丰富了展厅的光线层次。

278 车展中，除了大型投光灯形成重点照明，还会根据氛围需要使用 LED 屏或投影幕布。

279 280 大型会展空间被分隔成小空间后，要选择小号灯型，注意防止直射眩光和光污染。

如图277，左侧墙面的漫射灯箱聚焦观众视线，而中间的展墙采用了玻璃材质，文字部分给予射灯照射，形成独特的光效。

又如图 278，漫射灯罩和多个聚光灯从不同的角度对车身进行照射，以消除浓重的阴影，从而保证观众从不同的角度都能看清车身的细节。

为了呈现戏剧性的展示效果，设计师应将展示空间的形态、色彩和灯光作为一个整体来考虑。如图 279、280 所示，从参观路线两边倾泻而下的巨型幕布气势如虹，在巨型幕布的中部设置展柜，其高度正好适合观众了解展品。显而易见，重点照明区域是展柜，环境照明区域是幕布，二者的照度比值为 3:1。展柜内部采用了两种照明方式：一种是向下直射照明，照亮展品细节；另一种是从展柜底部发出的漫反射光线，远观展柜如同一颗晶莹剔透的水晶石，分外耀眼，夺人眼球。

115

Chapter 1 概述

Chapter 2 照明设计基础

Chapter 3 照明设计基本原理与程序

Chapter 4 光效设计

Chapter 5 室内照明设计的应用

Chapter 6 室外照明设计的应用

4. 光效控制

现代会展光环境设计理念已从以往单纯塑造展品形象的阶段，发展成为一种注重参观者心理特征的有故事、有剧情的体验型设计理念，创造视觉冲击力强的彩色光、动态光、光影艺术等戏剧性视觉体验。

观察图 281、282 所展示的空间，利用光线营造出一种神秘的展示氛围，让观众沉浸其中。分析其照明方式，是采用色温较高的光源对局部展厅透射，脚下的冷色 LED 灯带配合其星球的形状，在局部的平台上运用投影形成动态光效，墙面也配合 LED 灯带勾勒出山体的轮廓，使得整个展示空间具有戏剧般的视觉体验。因为 LED 可以改变色温，所以变成暖色光后，空间呈现出另一种氛围，如图 282 显示出红色的暖光。

281 282 通过改变 LED 灯的色温及灯带形状，营造出神秘的展示气氛。

5. 设计注意事项

（1）灯具的眩光控制，建议采用外附式遮光器，因为展会现场的不确定因素很多，比如来自临近展区的彩色光。如果使用可以灵活调节的外附式遮光器，可通过现场调节消除眩光干扰。此外，如果空间允许，还可在灯具上方增加反光板，形成柔和的光效，可以完全避免眩光。图284这类中型展厅，灯具要附遮光罩，因为顶棚离人较近，如果不加遮光罩，大量的眩光就会让观众头晕眼花。

（2）考虑其他展厅的光污染，提高光源的使用效率。在图285这类超高超大型的展厅中，灯具应集中在特定的区域，应提供高效的投光灯，保证空间中光线的均匀和有效。

283 光线控制着整个空间的氛围。

284 低矮顶棚的展厅，防眩光是首要任务之一。

285 高大顶棚的展厅，控制出光角度，以防光污染是首要任务之一。

Chapter 1 概述

Chapter 2 照明设计基础

Chapter 3 照明设计基本原理与程序

Chapter 4 光效设计

Chapter 5 室内照明设计的应用

Chapter 6 室外照明设计的应用

七、观演空间照明

音乐厅、剧院、会堂、影院、体育馆兼作演出厅等类型都属于观演空间，观演空间的照明设计内容大体分为两个部分：舞台和观众席。相对于演出场景的照明设计，观赏空间的照明较为单纯，在保证彼此认清面部表情的照度基础上，以提供均匀照度的设备为主。

1. 总体设计策略

在实施舞台和观众席布光策略时，应充分考虑实施技术的可能性，才能保证最后的光效。建议设计者从以下四个方面进行调研和评估，保证设计策略的可行性。

（1）亮度控制：剧场以及观众席的大小、欣赏距离、内容情景的要求、投光距离、投射面积、功率、光效利用率。

（2）灯具的组合：灯具性能的利用、多灯排列设置、灯具组合共用、定点光、单灯、特灯、效果器材应用。

（3）布光效果：投光角度、投光方向、光区组合衔接、灯具的隐蔽方式和暴露方式。

（4）控制及操作：调光和改变电压，与情节相吻合的时空转换、变化时机、编程、操作、管理等内容。

286 **287** 圆形舞台空间，为了保证观众的视线不被遮挡，灯具一般安装在顶棚或舞台边缘。

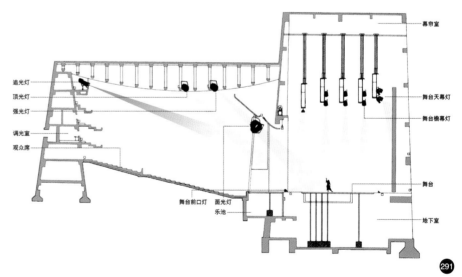

119

Chapter 1
概述

Chapter 2
照明设计基础

Chapter 3
照明设计基本原理与程序

Chapter 4
光效设计

Chapter 5
室内照明设计的应用

Chapter 6
室外照明设计的应用

追光灯
顶光灯
强光灯
调光室
观众席

幕帘室

舞台天幕灯

舞台檐幕灯

舞台

地下室

舞台前口灯　面光灯
乐池

288 方形舞台以顶灯和台口灯为主，使用投影或 LED 屏作为补充。

289 典型的室内音乐演奏空间，光环境的稳定性高于灵活性。

290 综合型观演空间，模拟歌剧演出时的灯光效果。

291 综合型观演空间的剖面图，标出常用的灯具类型和位置，仅供参考。

2. 常用灯具及特点

参考典型剧场建筑剖面图 292，舞台照明灯具大致可分为两类：第一类为有聚光性的、用来照明特定部位的聚光灯，聚光灯又分为追光灯、截光灯、强光灯、菲涅尔透镜聚光灯（可以得到光斑边缘比较柔和自然的光）、平凸透镜聚光灯（可以得到光斑边缘比较清晰的配光，调整焦距可调整光束的宽度）；第二类为提供大面积均匀照度的泛光灯，包括舞台檐幕灯、舞台天幕灯、灯带、舞台前口灯，其光源的选择以卤钨灯为主，卤钨灯具有高亮度与高显色性，缺点是寿命短。荧光灯与其他气体发电灯具有高光通量与高光效的特点，在克服其亮度不能控制在 0 ~ 100% 范围内变化的缺点后，逐渐应用在舞台照明中。

灯具示意图	名称	特点
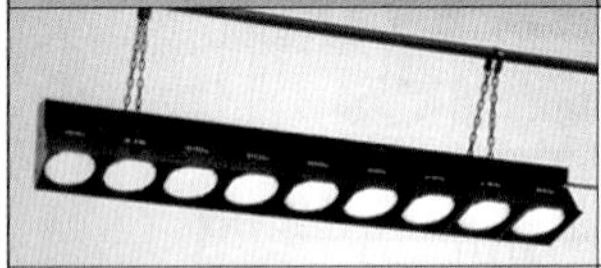	舞台檐幕灯	用于均匀照亮整个舞台台面。
	舞台天幕灯	用于照亮舞台背景。
	舞台前口灯	设置在舞台台口地面的灯具，自下而上照亮演员的全身。
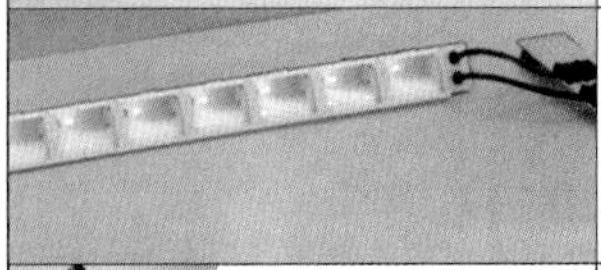	灯带	主要照亮舞台布景的简易型灯具，在小型剧场中使用频繁。
	聚光灯	1 自动升降式聚光灯。 2 自动升降水平吊杆聚光灯。
	强光灯	内藏反射镜的灯具，用于需要强光的时候，观众能直接看见光束。
	追光灯	光强，光束集中，可以追踪舞台上移动的演员。
	顶光灯	设置在观众席上方的聚光灯。
	面光灯	安排在观众席两侧的聚光灯。

292 观演空间中的常用灯具类型及特点。

根据灯具安装位置可分为三类，参考图 293：

（1）悬挂式灯具：安装在舞台上部的聚光灯，如图 294 中为顶部的可升降的聚光灯。

（2）面光灯具：安装在观众席前方两侧的聚光灯。

（3）顶光灯具：安装在观众席上方的聚光灯。从前门照射在舞台上，以保证从观众席能看见演员的面部。

3. 观众席布光原则

通常，观众席根据不同"时间段"的需求来切换照明模式：

需求之一，开场前或演出休息中，为减轻观众疲劳感的布光策略，一般利用两侧墙壁提供照明，或利用顶棚提供照明，如图 291 所示，在剧场观众席上方安装华丽的灯具，提供足够的亮度，便于演出开场前观众看清整个剧场空间的特点。

需求之二，开场后的引导照明策略，既不能影响观众的观赏，又要保证观众临时进场或出场时找到正确的方向。

需求之三，观众席的安全照明和应急照明系统，在人群聚集的封闭空间内，安全照明设计策略非常重要，设计者应充分考虑。

4. 舞台布光原则

舞台布光是观演空间光环境设计构成的重要组成部分，是根据情节的发展对人物以及所需的特定场景进行全方位的视觉环境的灯光设计，并有目的地将设计意图以视觉形象的方式再现给观众的艺术创作。设计师应该全面、系统地考虑人物和情节的空间造型，严谨地遵循造型规律，配置合理的光线。

（1）利用光线塑造演出情景所需的形象角色、创意描写

外部形象的描写：主光源、环境光、轮廓逆光。

心理描写：对白、独白、回忆、希望、幻想。

293 灯具细节。

294 295 同样为音乐会，由于演出空间和演出规模不同，光效设计截然不同，前者舞台较小，光线集中在舞台上，后者空间高大，为了吸引观众注意力，一部分动态光源射向观众席，拉近观众与舞台的距离。

121

Chapter 1 概述

Chapter 2 照明设计基础

Chapter 3 照明设计基本原理与程序

Chapter 4 光效设计

Chapter 5 室内照明设计的应用

Chapter 6 室外照明设计的应用

创意描写：具象、抽象、写实、非写实。

（2）利用光线表现剧情所需的舞台时空环境

空间环境的表现。

时间环境的表现。

季节环境的表现。

特定环境的表现。

（3）利用光线把握演出情节所需的舞台气氛

通过调整光线的亮度来改变舞台氛围，意味着设计师要控制不同区域之间的明暗对比度，这可以采用减弱背景光亮度和加强重点区域亮度等方法实现。

通过调整色彩关系来控制舞台的氛围，设计师可以改变光源的色相、更换有色滤镜、电脑控制 LED 光源变色模式，或者降低色彩的饱和度等，如图297，大型演出和演唱会都会使用数字化调光系统进行调光。

结合演出内容来调整照明的方式，例如从直射光转换成间接光，从追光转换成漫反射光。

利用光塑造舞台的时空特征。一台戏或一场音乐会，可以通过光的色相和亮度改变来提醒观众，白天向夜晚转变；又可以通过光运动频率来暗示观众，从缓慢发展的古代进入高科技的现代。

296 商业性的演出，灯光设计不容忽视，光可以塑造穿越时空的演出氛围。

297 因为光，舞台才能成为舞台，得以让演员赏心悦目，让观众为之激动。

🔍 **课堂思考**

----

1. 改造一个服装专卖店的光环境，以满足功能为主要目标。
2. 改造一个餐厅的光环境，利用光营造舒适的进餐氛围。
3. 设计一个电子产品的会展空间，以"光"作为表现主题。

Chapter 6
室外照明设计的应用

通过本章的学习，掌握城市道路照明、建筑物外观照明和景观照明的特点和方法。

户外照明所涉及的技术标准和空间类型更加复杂和综合，因此要先将各种空间类型的特点和人的活动特点理解清楚，再结合设计案例，来理解各种户外照明的方法和要求。

一、城市道路照明

1. 城市道路分类及照明要求

　　一个城市的交通网犹如城市的血管，特别在夜间，交通情况的好坏直接影响着整个城市的血脉是否通畅，而道路照明的照明质量直接影响居民夜间生活的质量。

　　研究城市道路照明设计，首先要明确一点：道路照明的基本功能是要保证在城市道路中所发生的一切活动能够安全顺利完成。对于在机动车道行驶的车辆，其驾驶者能够对路况敏捷地做出各种反应，能够清晰地阅读各种交通标识，这些良好的可视条件均来自完善的道路照明。对于在非机动车道上慢速行驶的自行车以及人行道上的行人，其照明应保证人们对各种街道特征的辨认和识别，对过往行人和车辆的认知，对各种指示路牌和交通标识的辨认。

298 在工业化时代，城市夜景的明亮程度反映出这座城市的工业化程度。

图 299 为中国靠右行驶的道路典型断面示意图。在机动车道上行驶的车辆一般有汽车、电车、摩托车；非机动车道一般行驶的是自行车和助动车；人行道上则布满公共设施，如步行道灯或车行道灯、垃圾箱、行道树、交通标志、公交车棚、广告、电话亭、电器箱及变压器等；道路中间隔离带则布置有绿化、交通标志、灯杆、广告箱、行人安全岛等。

根据城市道路的性质、断面形式、路面宽度、机动车和非机动车流量，城市中的道路一般分为高速路、主干道、次干道和支路。

（1）高速路（城市环线、高架）

高速路是为较高车速的长距离行驶车辆而设置的，路面宽度一般为 40m 左右。一般对向车道之间设有绿化带。此类道路的照明设计应以保证驾驶者在整个途中的安全性和视觉舒适性为前提，如图 300 所示。

299 中国靠右行驶的道路典型断面示意图。
300 均匀度是市内高速路照明解决的首要问题。
301 根据道路分级标准来确定道路的照度要求。

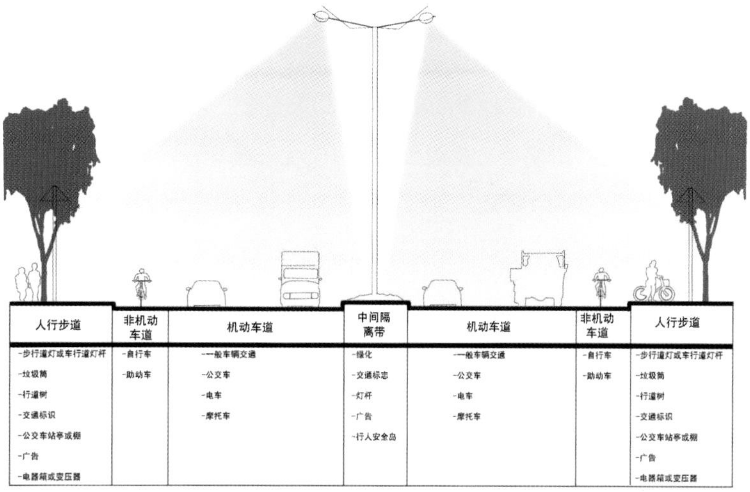
人行步道
非机动车道
机动车道
中间隔离带
机动车道
非机动车道
人行步道
-步行道灯或车行道灯杆
-垃圾筒
-行道树
-交通标识
-公交车站亭或棚
-广告
-电器箱或变压器
-自行车
-助动车
-一般车辆交通
-公交车
-电车
-摩托车
-绿化
-交通标志
-灯杆
-广告
-行人安全岛
-一般车辆交通
-公交车
-电车
-摩托车
-自行车
-助动车
-步行道灯或车行道灯杆
-垃圾筒
-行道树
-交通标识
-公交车站亭或棚
-广告
-电器箱或变压器
299

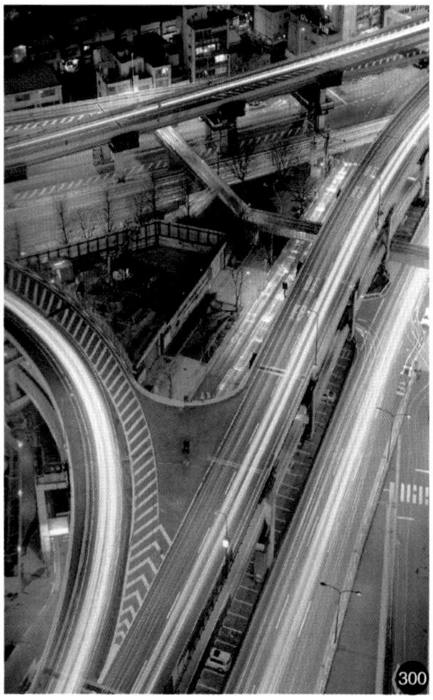
300

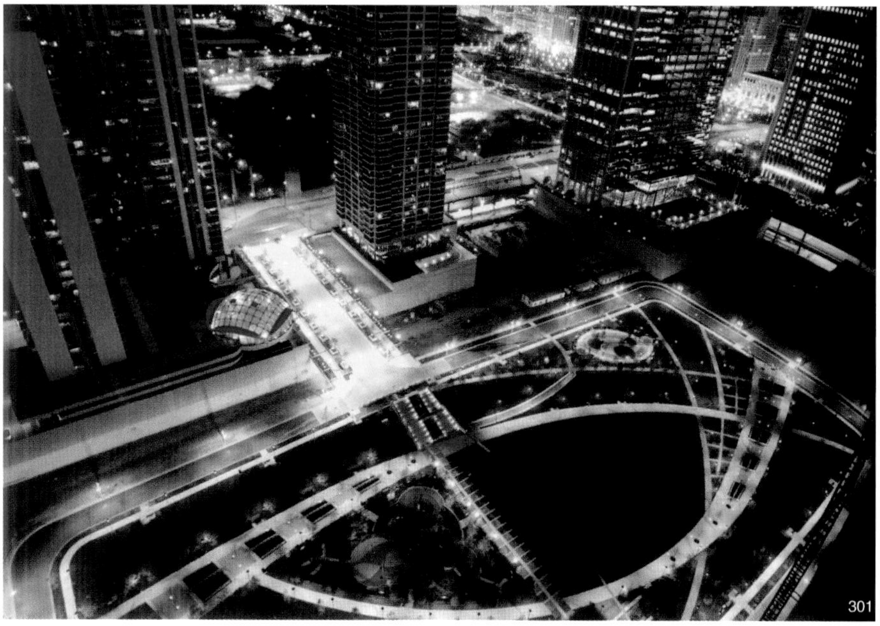
301

（2）主干道

主干道是城市道路网的骨架，主要连接城市各主要分区，以交通功能为主，路面宽度一般为 50～60m。

城市主干道是城市的繁忙地段，包括各种混合的交通条件。图 301 中的路面照明面临的挑战是既要保证道路车流的安全通行，又要保证行人的交通安全。因此，足够和均匀的照度是城市主干道照明的基本要求。

（3）次干道

次干道的照明设计与主干道相比，要求会低一些。但是由于次干道大部分仍然是混合型的交通，充分而均匀的照度才能保证安全性和安全感。一般而言，次干道的宽度比主干道要窄，因此灯杆的高度会低一些。

这就要求灯具的反射器必须有精确的设计，保证光照的良好分布。

（4）支路

支路是指通向城市居住区的各种道路，主要的使用者是城市居民，同时供各种机动车和非机动车行驶，其速度较低，驾驶员观察路面情况的时间较充分。因此，支路的夜间照明除了道路表面的亮度要求，还要满足行人的视觉要求：确定方向，观察障碍物，识别其他人的步行方向以及面部，看清街道标示和门牌号码，注意站牌、垃圾箱、消防栓、路边石等公共安全设施。

（5）交叉口与城市立交

在当今现代化城市，由于城市车辆的数目激增和道路的拥堵，各种交叉口与城市立交已成为城市发展的普遍设施。比起其他类型的道路照明，交叉口与立交桥上的交通流量大、密度高，因此照明的亮度要求较高。此外，如图 303 显示，城市立交通常为曲线交错，又有多个出口，而每个区域的立交设计又区别很大，所以立交的照明方案没有定律。

立交的照明常常采用高杆照明方式，为达到照明设计标准，应注意选择合适的光束，推荐选用场地照明和泛光照明的灯具，应注意灯杆的间距比其他类型的道路要小一些，而灯杆的高度主要根据立交的高度而定。

302 通过道路的宽度和照度值就能明显区别道路的级别，但是我国的国情是：道路照明往往过亮，反而导致了光污染现象。

303 香港岛的环岛快速车道照明现状。

2. 道路照明灯具及布灯方式

（1）灯具

道路高杆照明灯具是常用的道路照明工具之一，其类型如图304、305、306、307所示。

灯具的布灯方式、高度、间距、悬挑长度和仰角的关系密切。

灯具的安装高度以及灯杆高度主要与路面的有效宽度、布灯方式及灯具的光源功率有关，同时还应考虑灯具的维护条件、节能、经济等因素。一般而言，安装高度越低，总投资越低。但是，降低安装的高度，会增加路灯产生眩光的概率。

灯具的间距与路面的布灯方式、灯具的配光、灯杆的高度、设计的纵向均匀度有关。灯杆越高，间距就可以越大。但是必须考虑路面亮度的变化，因为缩小间距，可以提高纵向均匀度，提高驾驶者舒适感。

灯具的悬挑长度取决于路面的有效宽度、灯具安装的高度。设计时要考虑悬挑长度的结构、造价和美观之间的平衡。

灯具安装时应有适当的仰角，可以增加路面横向照度范围。值得注意的是，仰角过大必定会产生眩光。国际照明委员会（CIE）规定仰角限制在5°之内。

（2）直线路段布灯方式

单侧布置：路面远离灯具的一侧往往亮度较低，为了确保照度尽可能均匀，要注意灯具的有效照明宽度，如图308。

304 **305** **306** **307** 不同道路高杆照明灯具类型示意图。

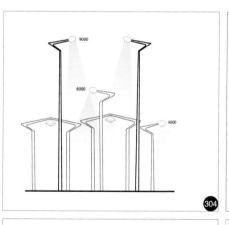

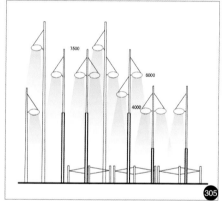

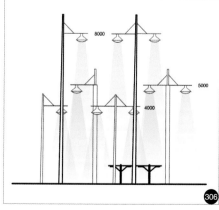

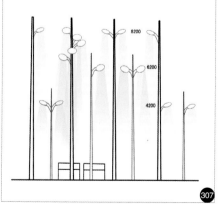

127

Chapter 1 概述

Chapter 2 照明设计基础

Chapter 3 照明设计基本原理与程序

Chapter 4 光效设计

Chapter 5 室内照明设计的应用

Chapter 6 室外照明设计的应用

环境照明设计

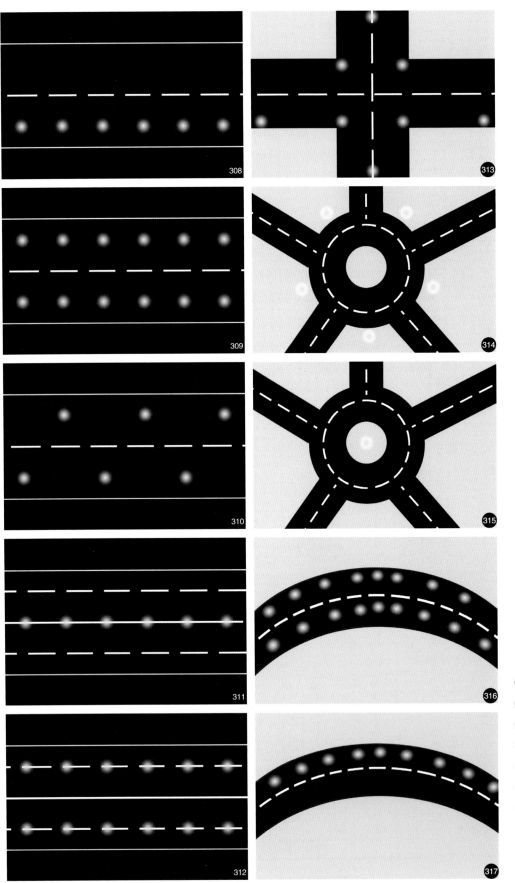

308 单侧布置路灯。

309 对称布置路灯。

310 交错布置路灯。

311 中心单列布置路灯。

312 中心双列对称布置路灯。

313 十字路口布灯。

314 环岛路口布灯方式一。

315 环岛路口布灯方式二。

316 弯道路段双排布灯。

317 弯道路段单排布灯。

129

概述 Chapter 1

照明设计基础 Chapter 2

照明设计基本原理与程序 Chapter 3

光效设计 Chapter 4

室内照明设计的应用 Chapter 5

室外照明设计的应用 Chapter 6

对称布置：照度均匀，亮度较高，适用于城市主干道照明，如图 309。

交错布置：保证道路的均匀照度，但是比单侧布置的灯具占据更多的道路空间，如图 310。

中心单列布置：对高杆灯具的类型要求较高，要保证两边车道所需照度，如图 311。

横向悬索布置：减少灯杆在路面所占面积，路面更宽阔，但要避免眩光。

中心双列对称布置：照度均匀，亮度高于中心单列布置方式，如图 312。

（3）路口布灯方式

交叉路口：交叉路口的照度水平应该高于通向路口的道路照度水平。为更好地识别交叉路口，可利用光色的变化、灯具造型的不同和灯具高度的增加来提示，亦可以利用地形广告牌等环境照明来进行提示。此外，还可以设置景观照明灯具或高杆照明，以提高路面的照度水平。

十字路口：在路口处增加路灯设置，其作用是照亮路口，如图 313。

T 形路口：路灯的设置尽量避免与信号灯位置的冲突，道路的尽端应特别设置路灯，便于驾驶者识别。

环岛路口：提高环岛的均匀照度为总的设计原则，避免照明死角，同时要保证道路缘石与各个道路入口清晰易识别，如图 314、315 所示。

弯道路段：转弯半径不同，布灯方式不同，转弯半径小于 1000 m 的曲线路段，灯具沿着弯道外侧布置，同时要增加灯具数量，悬挑长度减少，如图 316、317 所示，并且要避免转弯处的灯具布置在直线的延长线上，造成驾驶者的错觉，引起交通事故。

3. 道路照明设计步骤

步骤一：明确道路环境条件。

道路断面的形式、路面及隔离带的宽度、道路表面材料及反射系数、曲线路断曲率半径、道路出入口、平面交叉和立体交叉的布置等。此外，还有绿化、道路两旁的建筑物也是设计时必须考察的条件。建筑物与绿化照明时应避免眩光对

318 设计高速公路、隧道等机动车道的灯具间距与排列方式，设计师应考虑眩光、障碍物投影及明视觉和暗视觉因素，以避免因照明设计因素带来的交通隐患。

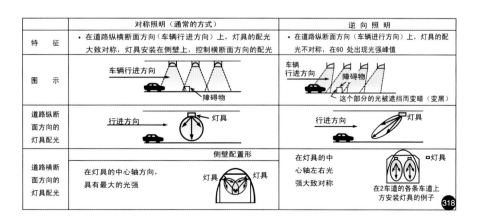

路面产生的影响。

步骤二：明确车流量与人流量情况。

设计师要对道路的车流量、人流量状况有所了解，还要了解这个路段的交通事故率与附近的治安状况。设计前期，我们对道路的调研工作进行得越全面，后期提供的照明设计方案越具有可行性。

步骤三：根据道路条件，确定道路等级和设计标准。

我国的城市道路按照快速道、主干道、次干道、支路以及居住区道路分为5级。首先要确定你所设计的道路的等级。照明设计标准的制定是根据以往各照明研究机构提供的数据，以及借鉴国内同等级别类似道路的照明设计案例，确定你所设计的道路的照明设计标准。例如中国、国际照明委员会（CIE）、北美照明学会（IESNA）、日本、德国、英国和澳大利亚都有具体的标准和规范。

步骤四：设计布灯方式。根据车行过程中不同的车速度，布灯方式也要有所不同，最好是利用计算机模拟光线对视觉可能造成的干扰。

步骤五：选择光源。

步骤六：选择灯具。

步骤七：调试与维护。

二、步行空间照明

1. 步行道分类

光照水平、光源与灯具的类型、光照范围与步行空间的类型关系密切，因此将步行道进行分类非常有必要。

（1）小径、游路

用于人们散步和观赏景观的小路，如公园和城市绿地中的小径。一般而言，路面较窄，并采用卵石或其他材质铺装。照明的级别以符合安全照明为准，营造幽静的散步和观赏环境，如图319。

（2）步道、通道

路面比小径要宽，主要是指通向建筑物的入口或某个区域内的导入，如专用步道和通道。由于是过渡性质的人行步道，照度控制在常规水平即可，而灯具的选择，既要考虑建筑，又要考虑与建筑连接的道路之间的协调。

（3）人行道

与城市主干道配合而设置的人行步道，一般而言，路面铺砖简洁，在道路交叉口通过铺装的变化给予行人提示，并且要在人行道上设置专门供盲人使用的盲道。这类人行道的照明设计应以保证行人的安全为基础，在交叉口要设置安全警示照明为好，如图320。

（4）居住区道路

主要是指城市住宅区内供行人和非机动车通行的道路和步道，照明的目的主

319 小路照明亮度要适中，否则明暗对比过强容易引起眩光。

320 小区入口车行道和人行道照明要有所区别。

要是确保行人的安全步行、识别行人的面部及能准确识别环境、防止犯罪活动与防止眩光影响住户休息。

（5）滨水步道

指位于水体旁的步行道路，这类步行道的照明除了考虑以上步行所涉及的要求之外，应考虑水面上灯光的倒影效果，如图321。

（6）专用步行空间

诸如商业街、城市广场类的专用步行空间。一般而言，步行空间的形态分为开放型和封闭型两种，开放型空间没有顶棚，封闭型空间有顶棚。为了排除机动车与非机动车对行人的干扰，城市中设置了许多专供行人休息、购物的休闲空间，如步行商业街、城市广场。此外，还有一些在城市的地下设置的步行空间也属此类，如地铁站中的购物通道等。这类专业步行空间的照明对安全性要求较高，同时还要满足行人对空间中各种信息的准确识别。

（7）高架、天桥步行空间

这类步行空间的特点是：人与车采取垂直分离并跨越机动车道，此外架于两幢建筑之间的步行通道逐渐增多，如香港的中环站就是"空中走廊"步行空间设计成功的典范。这类步行空间的照明设计特别强调照度的均匀，此外，要注意高架、天桥步行空间的照明是否影响车行道，尽量避免眩光产生。

321 滨水步道要提供足够的亮度，以防行人发生危险，并且要考虑水面上灯光的倒影效果。

322 城市居住区典型剖面图。

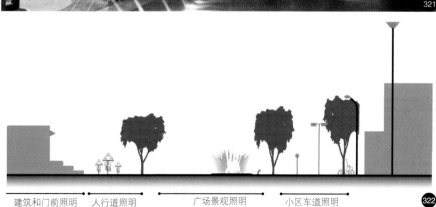

建筑和门前照明　人行道照明　　广场景观照明　　小区车道照明

131

Chapter 1 概述

Chapter 2 照明设计基础

Chapter 3 照明设计基本原理与程序

Chapter 4 光效设计

Chapter 5 室内照明设计的应用

Chapter 6 室外照明设计的应用

（8）人行地下通道

在地下为避免机动车道路而设置专供人过街的通道。照明设计时应注意人从明处至暗处的过渡。此外，在出入口处，应加强安全性和引导性照明设计，保证行人顺利通行。

2. 照明要求

根据行人不同的使用要求，选择合适的照明方式。

（1）安全性照明：一般而言，凡是人流量大的地段和场所，在夜间必须提供充足的照度，如果照度不足，容易引起行人的担心，易导致意外发生。特别是步行道的台阶、坡道以及水体旁，照明设计的安全性放在第一位。除了这些空间的水平照明，还要保证这些空间的垂直照明，垂直方向的树木、建筑外立面作为行人的垂直面参照物，也应给予合适的照度，增强行人的空间感知，提高行人的安全感。

（2）舒适性照明：从行人在步行空间中行为的观察总结出两种状态：行走和停留。因此，在设计行走空间的照明时我们偏重安全性的目的，而在设计驻足停留空间的照明时，我们偏重舒适性的目的。在综合考虑灯具、光源、高度、位置等因素协调之后，设计师应对灯具位置的设计反复推敲，确保不会产生眩光。如投射在地面的光，以柔和舒适为宜，低色温的暖色调光线容易营造安全舒适的氛围。

323 **324** 城市中的所有道路照明首先要保证安全性。

3. 常用照明方式

（1）下射光：灯具的出光口位于人体高度的上方，给予地面有效而均匀的照度；也可以选择草坪灯一类的低位照明，出光口低于人的视线。虽然这类低位照明会缩小照度范围，但是可以在空间中形成一定的形态，明暗分界线清晰。此外，还有一种地脚灯的使用，也属于下射光的照明方式，为地面提供照明，如图325、326。

（2）上射光：步行空间的上射光主要指运用在树木和建筑外立面的照明方式。注意事项：整夜的光照不利于树木的生长，建筑外立面的照明灯具不要影响行人的走动，最好隐蔽在道路之外的区域。

（3）漫射光：如庭院灯向空间中各个方向发射光线，可以营造活泼的照明氛围，但是前提是不会产生眩光。

（4）重点照明：如广场或步行街的某个节点，将这个区域的照度提高，形成重点区域，此种方式是用于对人流集中的区域，如图327，罗马著名建筑万神庙前的广场，到了夜晚成为人们聚会吃饭的户外客厅，广场的整体照度要满足用餐需求，采用重点照明的方式更好。

325 **326** 下射光能有效地照亮地面，又能避免眩光。

327 罗马万神庙前的广场夜景。

Chapter 1 概述

Chapter 2 照明设计基础

Chapter 3 照明设计基本原理与程序

Chapter 4 光效设计

Chapter 5 室内照明设计的应用

Chapter 6 室外照明设计的应用

4. 设计注意事项

（1）城市人行道照明

通常高杆路灯主要用于机动车道的照明，中等高度的步道灯主要用于人行道的照明，高度在3.5m～6m之间，低矮的柱灯主要用于人行交通横道的警示照明。

灯具的选择，注意一定要附加遮光器，不仅可以防止眩光，而且可以对光进行重新分配和限定，将绝大部分的光照直接投向人行步道。

人行步道还有一种经常使用的灯具，叫安全岛灯。它可以单独设置，也可以结合人行指示标牌综合设置，在人行交通的转换处或人行斑马线处设置，或是在人行地下通道的出口到城市干道的结合处，提醒人们注意道路方向的改变。

（2）居住区步道照明

居住区照明设计更加注重安全性的功能。如果道路的照度低于安全标准，犯罪和交通事故发生率就会增加，带来一定的安全隐患。

居民区的照明形式，除了水平照度，还需要垂直照度和半柱面照度均达到最低标准，否则人的面部识别不清，很难分辨人的行为意图。此外，要防止居住区内的路灯直射向住户的窗户，有效减少光污染对人的危害。

（3）滨水步道照明

当步道与水面结合，行人一般在这种步道上的移动速度较慢，常常驻足观赏景观，因此人流相对集中。除了要考虑行人的因素，还要考虑照明设计对水面的影响，因此，这种步道照明设计要考虑以下几点：其一，步道灯的造型是否与对岸景观相协调；其二，水中倒影与中间层次的光点韵律；其三，安全照明与景观性照明结合。如图329列举了常用水中灯具的造型。

（4）商业步行街照明

商业步行街夜景构成世界上很多鼎鼎有名的步行街，例如东京的银座、巴黎的香榭丽舍、上海的南京路、北京的王府井，商业步行街俨然已成为城市形象的载体。商业步行街照明的好坏直接影响步行街的商业形象。商业步行街照明设计主要协调建筑物外观照明、街头、橱窗、标识、广告牌的灯光之间的关系，如图330显示了典型的香港商业街夜景，图331显示了上海著名的南京东路步行街夜景。

328 居住区照明最好使用草坪灯高度的灯具，以防来自路灯的光对楼上居民形成眩光污染。

329 水中灯具类型示意图。

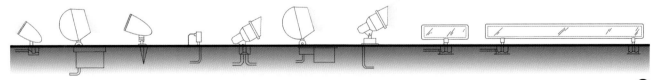

（5）人行天桥、人行地下通道照明

人行天桥的夜间照明应有效控制亮度和眩光，避免对桥下的机动车交通产生不良影响，同时要协调好天桥上下行阶梯的亮度和均匀度，保证行人的安全。人行天桥的平均照度应维持在 5lx 以上。

对于自然光重组的人行地下通道，如果是较短的直线通道，白天可以不设照明，夜间宜在照度较低的通道出入口设置照明，保证上下台阶的亮度，白天又可起到引导人流的作用。通道内的平均照度，夜间控制在 20lx，如图 332。白天控制在 50～100lx 范围内为宜。

（6）广场照明

广场是城市中人流相对集中的地方，夜间的使用多半是为了休闲和集会。广场照明应该归属于场地照明，但是在其周边界面的光环境如建筑物、道路、景观的照明共同作用下会产生综合的视觉效果。

● **目的之一：容易识别。**

广场照明应该强化步行者对开阔空间的认知，灯具的布置和尺度应该与广场所在的城市与建筑设计相协调，灯具选型和灯位布置要避免遮挡视线。此外，广场中的标志物如喷泉、雕塑、旗杆或标志性建筑在夜间常被作为视觉焦点，其照明设计应该更为突出，如图 333 中，世界著名的建筑物罗浮宫前的玻璃金字塔广场。当人们在广场中步行移动时，标志物的照明起着定向作用。

330 香港街头夜景。

331 上海南京东路街头夜景。

332 人行天桥和机动车交叉路段，不要在天桥上布置高杆射灯，会干扰桥下机动车司机的视线。

333 巴黎卢浮宫前金字塔广场夜景，几乎看不到光污染，国内的许多著名广场却不能像这样有节制地使用灯光，造成了许多浪费。

Chapter 1 概述

Chapter 2 照明设计基础

Chapter 3 照明设计基本原理与程序

Chapter 4 光效设计

Chapter 5 室内照明设计的应用

Chapter 6 室外照明设计的应用

- 目的之二：符合照度值要求。

广场的可见度、亮度分布和气氛照明是塑造广场夜景形象的基本照明要求。由于广场的尺度较大，区域划分较多，因此在整体规划照明图式时，往往采取分等级、分层次的方法进行照明设计。这种方法，不仅能保证重要区域的亮度，也能把握好光线的节奏，打破千篇一律的视觉效果，如图 334、335、336，广场中植物、休息椅、地面的照度水平明显有区别，照度不低于 5lx，也不宜超过 20lx，出入口或者标志性景观的照度水平为 20lx 左右即可。

334 如果广场照明使用地面灯具，一定要注意防眩光。

335 **336** 灯具与休息椅结合，巧妙地融入公园的夜间景观中。

三、建筑物外观照明

1. 照明要点

建筑物的外观照明设计，除了对光源的色彩以及光效等艺术特征的考虑，还有许多关乎照明方式以及照明设备的问题应该考虑，例如：墙面材料对照明方式与光照强度的关系，以及透光灯具的遮光器与滤镜的选择、眩光的控制等因素。

137

Chapter 1 概述

Chapter 2 照明设计基础

Chapter 3 照明设计基本原理与程序

Chapter 4 光效设计

Chapter 5 室内照明设计的应用

Chapter 6 室外照明设计的应用

（1）灯位的控制

一般而言，灯具安装的位置可分为三种：一种是灯具被安装在建筑上，另一种是灯具被安装在地面上，最后一种是灯具被安装于相邻建筑上。

（2）吸收与反射

亮度作为一种主观评价和感觉，表示发光体单位面积上发光强度，用来表明物体表面的明亮程度。但是光源对物体单位面积的照度不等同于物体的亮度，即使同样的照度照到不同材质与色彩的物体上，由于物体的吸收和反射光线的系数不同，物体的亮度肯定不同。

（3）光源、滤镜与显色性

选择光源时，要考虑到建筑材料的色彩，如果被照材料颜色偏暖，使用高压钠灯比较合适，而对于白色和冷色调的金属被照面，则选择金卤灯比较合适。请比较高压钠灯与金卤灯的光谱分布图。

图 337 显示金卤灯的光谱能量分布，请注意 600nm 以上的红色光部分，光输出非常少，意味着金卤灯对红色的材料还原不好，而白色的被照物看起来会发蓝色或蓝绿色，因为 550nm 以下的蓝绿色光输出较强。图 339 显示高压钠灯的光谱能量分布，恰好相反，560 ~ 625nm 之间的能量最大，所以高压钠灯呈现的是橘黄色外观，这种光源对蓝色物体的还原不好，而白色物体受到此种光源照

337 上海陆家嘴金融贸易区的建筑物夜景，彩光污染和光过度现象比较严重，虽然被照得很亮，但是照明质量有待提高。

337

射后呈现橘黄色外观。

（4）眩光控制

当建筑物泛光照明灯位确定以后，必须要评估光源是否引起眩光问题，如果引起眩光，要使用一些灯具配件降低或消除物理性眩光，此外，还要考虑这些配件是否影响灯具的美观。

通常，有四种配件。遮光板主要用在宽配光和中宽配光的泛光灯具中，能较好地控制从灯具侧面和前方射出的光线，同时遮光板可以根据现场情况调节角度。固定罩对于窄光束和聚光灯较为有效，从上部和下部控制光线，不影响灯具出光方向。完全遮光罩，当灯具配光是窄光或聚光灯时，它可以有效遮蔽各方向的光线，完全遮蔽光源。格栅主要遮蔽光源和反射器，但是格栅设计要求较高，格栅的片量、间距、角度等都是影响照明效果的关键因素。图343中分析了四种不同遮光配件与光源之间的角度关系。

（5）光与材料

当光传播到某种建筑材料表面时，要么被吸收，要么被反射。因此，受到光照的建筑物表面由于材料特性的不同呈现出不同的面貌。在设计建筑外观照明时，要充分利用这些特点，更好地控制照明效果。光与材料的色彩、表面的光滑程度、反射强度、透光性都有直接的联系。如图341、342所示。

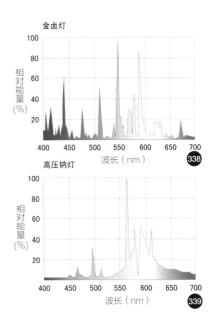

338 **339** 金卤灯与高压钠灯的光谱能量分布示意图。

340 从香港维多利亚港看港岛的建筑物夜景照明，因为建筑物的照度数量控制得当，所以看得见明月当空，而不是晚上还泛着红光的云朵。

340

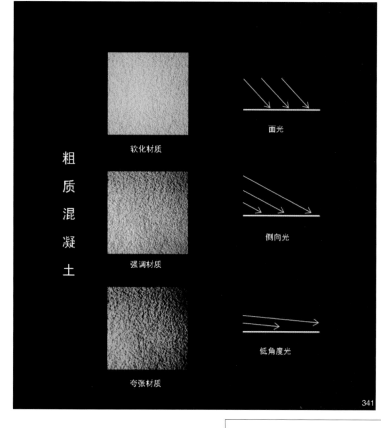

粗质混凝土

软化材质

面光

强调材质

侧向光

夸张材质

低角度光

抛光不锈钢 ——闪光、镜像

镜面反射

拉毛铝板 ——光滑、模糊

混合反射

无光泽镀锌板 ——暗淡、无镜像

漫反射

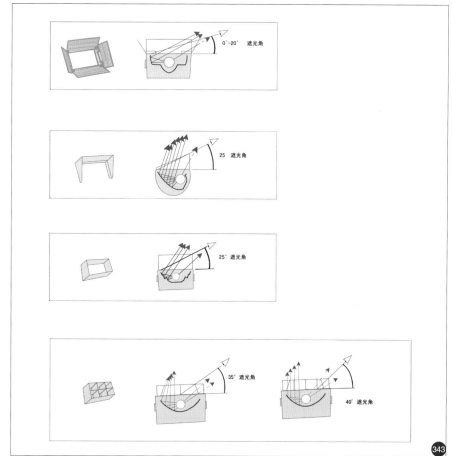

0°～20° 遮光角

25° 遮光角

25° 遮光角

35° 遮光角

40° 遮光角

341 同一种光源，不同的入射角度，使得同一材质的视觉效果截然不同。

342 材质本身的反射度不同，采用的照明方式也不同。

343 四种不同遮光配件与光源之间的角度关系。

139

Chapter 1 概述

Chapter 2 照明设计基础

Chapter 3 照明设计基本原理与程序

Chapter 4 光效设计

Chapter 5 室内照明设计的应用

Chapter 6 室外照明设计的应用

环境照明设计

2. 常用照明方式

（1）整体投光

这是建筑物照明的基本方式。它是将投光灯安装在建筑物外，直接照射建筑物的外立面，在夜间重塑及渲染建筑物形象的照明方式。其效果不仅能显示建筑物的全貌，而且能将建筑物的造型、立体感、材料的颜色和质地、装饰细部等同时表现出来，这种照明俗称泛光照明。

如图 344、345 所示，设计师常选择卤钨灯、金卤灯、高压钠灯等专用的大型投光灯具。投光照明是最基本的建筑外观照明方式，但不是唯一的方式。

注意灯具立杆的位置对白天建筑物外观的影响。而对玻璃幕墙建筑特别是隐框幕墙，不要用这种照明方式。此外设计时应特别注意防止光污染，即多余的未照射到建筑上的光投向了天空所形成的光雾。

（2）内透光照明

内透光照明方式是利用建筑室内光线向外投射所形成的建筑照明效果。

344 345 典型的整体投光的建筑外观。

Chapter 1 概述

Chapter 2 照明设计基础

Chapter 3 照明设计基本原理与程序

Chapter 4 光效设计

Chapter 5 室内照明设计的应用

Chapter 6 室外照明设计的应用

346 东京表参道的 DIOR 专卖店的内透光照明效果。

347 镂空雕刻的建筑外墙，形成独特的透光效果。

348 最常见的内透光建筑照明，灯光打在建筑内的结构上。

349 **350** **351** 局部投光可以强化建筑的某些细节。

通常有三种途径：一种是利用室内的灯光照明，晚上不熄灯，通过玻璃幕墙投射内部的光线，如图 347；另一种是在室内近窗处，如玻璃幕墙、柱廊、建筑透空结构或阳台等部位设置照明设施，如图 346，位于东京表参道的 DIOR 专卖店，设计师采用了内透光的照明方式，使得建筑如同一粒美钻，光艺四射；最后一种，是改变墙体的投光孔大小，使得建筑内的一部分光线透出墙面，建议使用荧光灯、白炽灯、小功率气体放电灯等，这类灯较为省电，维护也方便，如图 348 所示。

（3）局部投光

将小型的投光灯直接安装在建筑物上，照射建筑物的某个部分，我们把这种方式称为局部投光照明。一般建筑物的立面有凸凹部分，建筑表面的这种较大起伏，为灯具的安装提供便利条件，如图 349、350、351，灯具与建筑体的结构结合，主要投射在表现建筑主要形态和结构的部分，例如柱子、屋檐、屋顶、拱廊等部位。设计局部投光效果时，要考虑灯具的体积和建筑体量之间的关系，尽量隐蔽灯具，藏于建筑结构中，可以有效避免光源产生的直接眩光问题，又不会破坏白天建筑的外观。

（4）轮廓照明

用单个光源、串灯、霓虹灯、镁氖灯、导光管、线性光纤、镭射管等勾勒建筑物的轮廓，如图 352。这种方式特别适用于轮廓简洁的建筑群照明。对于轮廓丰富的古典建筑或民族建筑照明，可采用轮廓照明与局部投光照明结合的方式表现，既有屋面的泛光表现，又有屋顶曲线的勾勒。

（5）装饰照明

为了在节日庆典等特殊场合营造热烈、欢快的喜庆氛围，可以利用灯装饰建筑物，加强建筑物夜间的艺术表现力，如图 353，建筑的屋顶和窗户经光带装饰后，更显酒吧的热闹氛围。

346

347

348

349

350

351

设计师可用光纤、白炽灯、霓虹灯等光源装饰店面和建筑入口，如图 354，著名的巴黎埃菲尔铁塔作为巴黎的地标景观，运用高光通量的暖色金卤灯安装在钢架上，使得整体均匀照亮，同时安装一些冷色 LED 灯，整点时，这些如繁星般不规律分布的 LED 灯就会亮起来，形成非常浪漫的装饰效果，令人对浪漫之都印象更加深刻。

（6）LED 动态照明

LED 随着单体光通量的提升，其因节能、色彩变化丰富、体积小、容易组合和安装、使用寿命长等优势，越来越多地应用到建筑物的外立面照明。

如图 355、356 所示，整个大楼的里面被 LED 灯覆盖，如同一个巨大的显示屏，可以通过电脑终端控制 LED 的颜色和图形，形成震撼的视觉效果，使得建筑异常醒目。只是，高质量 LED 光源的成本要高于普通类型节能灯数十倍。

352

353

354

355

356

352 著名的香港中银大厦就是采用轮廓照明方式，成为维多利亚港的夜景地标。

353 霓虹灯对于渲染节日氛围非常管用。

354 LED 装饰的巴黎埃菲尔铁塔，每逢整点，白色的点状 LED 就会闪烁，制造出浪漫的夜景。

355 356 近年来，将整个大楼里面覆盖 LED 光源的照明方式，一度将城市建筑的形状消解为电子信号。

143

Chapter 1 概述

Chapter 2 照明设计基础

Chapter 3 照明设计基本原理与程序

Chapter 4 光效设计

Chapter 5 室内照明设计的应用

Chapter 6 室外照明设计的应用

四、景观照明

道路和建筑物共同构成了城市的基本骨架，而填充于其中的便是城市的景观环境。景观性照明主要是为烘托城市夜间气氛和宣传而设置，如植物与花卉照明、喷泉与水面照明、城市雕塑照明、广告照明和城市节日灯饰等。灵活性较大，强调灯光的创意设计是这类对象照明设计的特点，而使用动态灯光和照明控制技术，为这城市中的景观照明带来丰富的视觉效果。

1. 绿化照明

植物和花卉是景观照明中最富自然和戏剧化的表现对象，其夜间照明不仅为整体空间提供功能性补充照明，本身也极富艺术性。为了更好地配合建筑与景观照明设计，首先我们要了解植物的基本形态、植物的观赏特点，其次要掌握绿化照明的方式和设计手法，参考图357，理解常见植物种类，以及其对应的外形特征。

按植物学特性分为四类：

乔木类：树高 5m 以上，有明显发达的主干，分支点高。5 ~ 8m，小乔木，如梅花、碧桃等；8 ~ 20m，如樱花、圆柏等；20m 以上，如银杏、毛白杨等。

灌木类：树体矮小，无明显主干。其中小灌木高不足 1m，如紫叶小檗、黄杨等；中灌木约 1.5m 高，如麻叶绣球、小叶女贞等；高 2m 以上为大灌木。

藤本类：茎弱不能直立，须借助其他物体攀附在上生长的蔓性树，如爬山虎、凌霄等。

竹类：地下茎与地上茎情况又分为三类。单轴散生型，如毛竹、紫竹、斑竹等；合轴丛生型，如凤尾竹、佛肚竹等；复轴混生型，如苦竹等。

按观赏特性分为六类：

观形、观枝干、观叶、观花、观叶、观草。

● **植物照明设计要点：**

照明方式选择：上照光和下照光是绿化照明的两种基本方式。光线从下向上照亮植物，与我们白天看到的植物受到阳光的照射效果完全不同，夜景效果更加具有戏剧性，但是要注意眩光。光线从上向下对植物进行照明，可以增加树叶的生动，模拟月光照射的效果。

光源的选择。总而言之，一般植物照明使用最多的光源有白光（包括金卤灯与高压汞灯）、绿光（金卤灯）和黄光（高压钠灯）等几种。高压汞灯照射绿叶植物效果最好，因为高压汞灯的短波辐射较多，被照物体的蓝绿色得到较好的显现。对于黄绿叶植物，应选择金卤灯。它的绿色光较多可以改善黄绿叶植物的黄色部分，看起来更绿。特殊情况时如秋天银杏树的照明，应选择白光金卤灯，为了增强金黄色的感受。同样红叶植物应选择金卤灯照明，效果比选择绿光照明更优。

357 常见植物种类及外形特征。

形状描写		举例
圆柱形		龙柏、钻天杨
塔 形		雪松、塔柏
卵圆形		悬铃木、佳花、毛白杨
圆锥形		白皮松、云杉
倒卵形		千头柏、刺槐
圆球形		五角枫、黄刺玫
半球形		栎 树
伞形		合欢、楝树
垂枝形		垂柳、垂枝桃
拱形		连翘、迎春
曲枝形		龙爪、龙爪柳
棕榈形		棕榈
匍匐形		铺地柏
风致形		黄山松

357

灯具的类型、位置、高度的配合程度：

图 358 中，利用较高的草坪灯照亮道路的同时照亮路两旁的灌木，而较高的侧柏则被小型投光灯照亮。

图 359 中，设计师利用较高的草坪灯照亮道路的同时照亮两边的灌木，再使用小型投光等照亮较高的侧柏。

通常使用小型投光灯，从下向上照亮小型落叶科植物，如图 360；如果是高大的植物，可选择高杆灯由上往下照射，注意防止眩光，如图 361，模拟月光洒向树叶后，投射到地面的光影效果。

2. 水体照明

水体是景观设计中经常使用的元素，它给环境带来灵动的色彩。景观设计中水体包括自然溪流、池塘、瀑布、喷泉等。夜景照明使得光、水以及光在水中的倒影相互映衬，带给人们不同于白天的赏心悦目。

水体照明设计需要充分考虑到水光在水中的效果，主要有：

其一：光在水中的折射效果；

其二：光在水中的散射效果；

其三：水花的光照效果；

其四：平缓水流的光照效果。

358 **359** 高大树木常用小型投光照明，低矮灌木中竖立一定数量的草坪灯，灯杆一般在 60cm 左右为宜。

360 如果是高大的植物，可选择高杆灯由上往下照射，但是要注意防眩光。

361 模拟月光洒向树叶后，投射到地面的光影效果。

362 **363** **364** **365** 不同高度水体的最佳灯具位置。

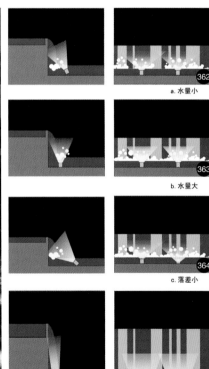

a. 水量小

b. 水量大

c. 落差小

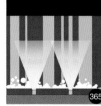

d. 落差大

灯具的位置的选择：根据水体的高度、水体的类型与排列方式选择灯具的安装位置，切记避免眩光。图362、363、364、365中列举了同高度水体的最佳灯具位置。

水体类型的分析：瀑布，要根据瀑布的高度、水流的缓急、水花的大小来选择合适的照明方式。喷泉，根据喷泉的数量、高度、喷口的间距或音乐的节奏，控制灯具的位置、色彩和间距，如图367中瀑布，水花较小，所以使用点状的LED灯从水帘后投光，就能满足照度要求。

水池又分为静态和动态，选择水下照明要注意防止眩光，水上照明要注意池边道路和水面的明暗对比，如图366，池中和池边都设置了不同照度的光源。

光源的选择：白炽灯是水体照明使用的主要光源，这种光源易于控制，可以调节电压，以满足不同的要求，另外还可以选择石英卤素灯、12VPAR灯，因其体积小，输出光强较高。高大的水体使用点光源，短距离较宽的水面或水体使用泛光灯。

灯具的选择：水下灯具与一般灯具不同，灯具使用的材料以铜、不锈钢或黄铜为主，灯具本身完全密封，以防止水进入光源部分。水下灯具是依靠其周围的水来散热，必须设于水下，但对于水上灯具，应尽可能接近水面。

3. 雕塑、广告与标志的照明设计

虽然雕塑、广告与标志等类型景观的照明设计方式较为灵活，但是更能体现灯光的可塑性和艺术性表现力。

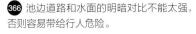

366 池边道路和水面的明暗对比不能太强，否则容易带给行人危险。

367 水花小、落差小的瀑布适合点状照明方式。

366

367

145

Chapter 1 概述

Chapter 2 照明设计基础

Chapter 3 照明设计基本原理与程序

Chapter 4 光效设计

Chapter 5 室内照明设计的应用

Chapter 6 室外照明设计的应用

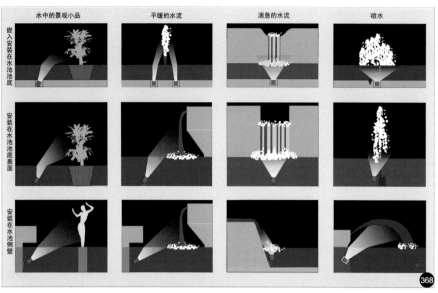

368 三组图分析了水中景观、水花和瀑布的常规照明方式。

369 雕塑照明重点要塑造其轮廓、立体感和艺术效果。

（1）雕塑照明设计要点

雕塑照明的用光方式可以分为主光、辅光、背景光三类。而欣赏雕塑一般分为两种情况，一是 180°视角观看，二是 360°视角观看。后者照明设计考虑的要素较多，灯位的选择、投射角度、光源的遮光都是关键，特别是防止眩光对观看者视线的干扰。

（2）广告与标志照明设计要点

户外广告与标志的照明已构成了城市景观的重要部分，也是现代城市居民获取信息的最直接通道。因此广告标志也成为城市公共空间的功能性辅助照明。标志照明除了居于传达建筑信息、步行方向指示、交通指向等功能性作用外，其艺术性与功能性的结合，成为城市夜景中的符号性照明。图 372 归纳出广告与标志照明设计的主要内容。

147

Chapter 1 概述

Chapter 2 照明设计基础

Chapter 3 照明设计基本原理与程序

Chapter 4 光效设计

Chapter 5 室内照明设计的应用

Chapter 6 室外照明设计的应用

370 传统广告照明方式之一，沿用至今。

371 LED 显示屏越来越符合信息时代的特色。

372 广告照明的主要内容和要求。

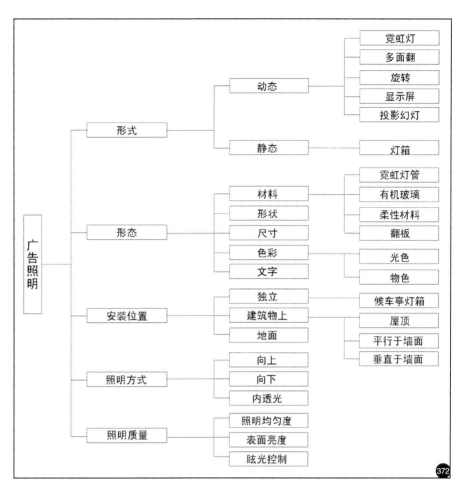

（3）广告照明类型

霓虹灯：其艳丽的色彩、动态的变化，在夜间能达到其他平面户外广告没有的效果，起到很好的广告效应，如图 370 所示。

投光照明：是将灯具安装在广告牌上方或下方进行投射照明，使用的光源有卤钨灯、荧光灯、显色性改进后的汞灯和金卤灯几种。

大屏幕显示屏：利用单个发光器单元组合成大面积的视频显示系统，用于广告显示，不仅画面亮度高，色彩鲜艳，而且可以显示动态画面和文字。单个发光器种类很多，主要有发光二极管（LED）、阴极射线管（CRT）、白炽灯显示屏和液晶显示屏，如图 371 所示。

光纤：广告光纤照明具有传光范围广、重量轻、体积小、用电省、不受电磁场干扰，而且频带宽等优点。广告画面图像清晰、色彩鲜艳，而且图像在电脑控制下变幻无穷。光纤标志照明由于体积小、视距大、醒目等优势，从而开创了户外媒体广告的新形式。

导光管：将光导入广告或道路标志灯箱内进行照明，这种广告画面图案清晰、色彩鲜艳、检修方便，维修人员在地面即可检修光源。

灯箱：灯箱广告和标识，特别是柔性灯箱广告具有独特的优势。灯箱的透光材料为胶片、磨砂玻璃、漫透射有机玻璃板、PC板等。这些材料具有高透光性、强度高、防紫外线和抗静电等性能，如图373所示典型广告灯箱的效果。

隐形广告和标识：利用隐形幻彩颜料绘制的广告或标识。它在自然光照射下不能显其图案，只有在用紫外光照射时，才能显现其色彩和图像。在国外不少地方以运用这种特殊的广告媒体，创造出意想不到的装饰效果。

373 广告灯箱的均匀度要好，否则会被人看到里面灯管之间相交处产生的暗区。

373

🔍 **课堂思考**

----

1. 调研报告：选择城市的一条道路、一个广场、一个公园，进行实地考察、拍照，分析这些空间的夜间照明效果如何。
2. 选择一个调研过的空间，提出照明更新的设计方案。

🔍 《环境照明设计》课程教学安排建议

通课程名称：环境照明设计

总学时：72 学时

适用专业：环境设计专业及艺术设计其他专业

预修课程：室内设计基础、景观设计基础等课程

一、课程性质、目的和培养目标

　　本课程是室内与景观专业方向设计的核心专业课程之一，通过学习光的特性和控制光效的方法，学生能掌握照明设计的程序和设计方法。通过本课程学习，学生可以独立应用专业照明软件分析实际空间中的照明问题和论证设计方案的可行性。

二、课程内容和建议学时分配

单元	课题内容	课时分配		
		讲课	作业	小计
1	概述部分：照明设计的含义、照明设计术语、照明方式、灯具设计等	8	4	12
2	①.照明设计原理与程序 ②.光效控制方法	8	4	12
3	①.室内照明设计原则及案例分析 ②.室外照明设计原则及案例分析	8	4	12
4	①.DIALux照明设计软件讲解 ②.设计方案论证和制作	4	32	36
合　计		28	44	72

　　本课程要求学生独立完成室内和室外照明设计方案，并学会使用专业照明设计软件，论证设计方案的可行性。

三、教学大纲说明

　　1. 照明设计是一门综合性较强的专业设计课程。本课程涉及多种学科知识，学生不仅对室内和景观专业的基础知识要有一定认识，而且要熟悉材料的物理特性、人的生理和心理特点，还要应用相关的数学原理和软件基础。

　　2. 教学以多媒体教学为主，并指导学生使用测量仪器，辅导学生学习专业照明设计软件。

　　3. 教学过程强调理论与实际应用相结合，注重帮助学生掌握正确的学习方法，提高学习效率。

四、考核方式

　　第 1、2、3 单元作业成绩总计占 50%，第 4 单元（综合设计）占 50%。

环境艺术设计专业系列

《公共艺术设计》（新一版）

作者：张健、刘佳婧、王浩

页数：144　开本：16

书号：ISBN 978-7-5586-1569-6

定价：65.00元

作为一个全新的学科和专业，以及环艺、雕塑等专业中新的教学内容，公共艺术设计的理论、观念、流程与方法无疑是专业教学和设计实践中的重要环节。本书系统地梳理了公共艺术设计与创作的理论与观念，强调建立公共艺术概念和相关理论的整体认知逻辑与框架，并详细阐述了公共艺术设计与创作的程序与路径，初步建立了公共艺术设计与创作的方法论基础。该书通过广州美术学院雕塑系公共艺术专业部分课程的教学实践，反思与探讨公共艺术设计专业的教学内容、方法与模式，为公共艺术设计教学体系的建立与优化提供参考与借鉴，同时也为学生的专业学习与设计实践提供可能的帮助与启发。

《室内软装设计》（新一版）

作者：乔国玲

页数：160　开本：16

书号：ISBN 978-7-5586-1670-9

定价：68.00元

建筑的室内空间已经从一开始人们最基本的遮风避雨、御寒防暑的简单居所，发展成为能够满足人的物质及精神需求的综合空间形态。室内软装设计作为室内设计的一个重要环节，也是我们室内设计师需要深入了解与研究的一门课程。本书针对当今消费者随着生活品质的提高对居住环境有了更高要求这个特点，从室内软装设计的基本理念和基本方法入手，结合工程实例和极新案例，着重对室内软装艺术的基本概念、软装设计的方法、设计的美学原则、软装设计的策略和设计思维方面等方面进行论述。作者具备丰富的室内软装设计及当代艺术设计的相关经验，本书既适用于各艺术院校环境艺术设计专业的在校学生，同时对于有兴趣从事住宅室内设计行业的设计师也具有一定的参考价值。

《环境设计手绘表现技法》（新一版）

作者：张心、陈瀚

页数：160　　开本：16

书号：ISBN 978-7-5586-1568-9

定价：68.00元

本书为环境艺术设计专业的限定选修课程之一。该课程作为一门技能课，它连接着设计构思和设计最终方案的实现，意义重大。在本书中通过老师的指导学习，能使学生掌握各种空间的材料、技法、比例、色彩等的设计效果表现，培养学生对空间关系的认知和理解，并提升学生的设计思维和设计能力，为后续的设计专题课程的学习打下良好的基础。本书注重理论与实践相结合，鼓励学生进行多种绘图风格的尝试并积极创新技法，不仅适合全国环境设计专业院校的师生使用，也可供设计从业人员参考与学习。

《环境人体工程学》（新一版）

作者：刘秉琨

页数：120　　开本：16

书号：ISBN 978-7-5586-1671-6

定价：78.00元

人体工程学是建筑学、环境设计、产品设计等专业的基础学科，是设计初步的重要内容之一。本书的内容既有理论介绍，也有实践环节，讲解通俗易懂，条理清晰。内容涵盖学科简史、人体作业效率、人体尺寸、数据处理、环境因素以及由家具而建筑、由建筑而城市的尺度问题。全书整合了当前国内外环境行为学与人体工程学的理论及科研成果，注重环境行为理论与工程设计实践相结合。书中生动形象的设计实例增添了本书的可读性和应用性。本书是为建筑学和环境设计专业人士编写的，也适用于景观、工业等各相近专业设计师进行工程设计的参考资料。

《商业会展设计》

作者: 傅昕

页数: 128　　开本: 16

书号: ISBN 978-7-5586-0607-6

定价: 58.00元

本书作者结合自己多年的从业和教学经验,用图文并茂的方式阐述商业会展设计中所涉及到的主题定位、功能形式、色彩照明、材料工艺等要素,并紧密结合商业会展的发展现状进行案例教学,在本书中设置了前期的理论学习、中期的案例分析、后期的项目设计实操训练三大教学单元。第一单元通过对商业会展设计的理论建构学习商业会展设计的学科内涵、发展历史和所涉及的领域及知识结构,使学生了解商业会展设计的基本概念;第二单元着重从商业会展设计的五大要素全面分析商业会展设计的设计语言构成;第三单元则侧重从商业会展设计的创作实践角度让学生对所学知识进行理论联系实际的设计创造探索,以培养学生从评价体系到设计表达全方位的综合创造能力。因此,本书既可作为高等院校环境艺术设计专业的教材,也可作为会展设计从业人员的参考用书。

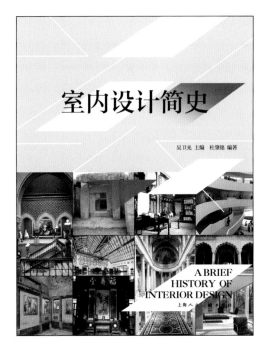

《室内设计简史》

作者: 杜肇铭

页数: 160　　开本: 16

书号: ISBN 978-7-5586-0609-0

定价: 75.00元

本书作者通过阅读大量相关书籍,了解了古今中外建筑和室内设计发展历史,并通过实地拍摄、查询专业书籍、查询网络等各种途径,收集了数量众多的设计案例,精选出不同时期、不同地域的具有代表性的设计案例进行编排,尽量呈现出室内设计的发展过程以及设计案例的特征,让学生能够自我思考辨析。本书以世界建筑历史演变时间为纵轴,以各国家、各地区同时代室内设计发展状况为横轴,强调理论知识的跨学科、跨专业交叉特点;贯通横轴时间段,打通地域界限,将事件、案例横向比较,增加内容的广度和兴趣点。因此,本书既可作为高等院校环境艺术设计专业的教材,也可作为室内设计从业人员的参考用书。

提示: 扫描右方"上海人美第一工作室"微信二维码,关注公众号平台,在对话框内输入关键词(本书名),即可获得本书的教学课件。

上海人美第一工作室
微信公众账号